WILEY

做中学丛书

101个天文小实验

Janice VanCleave's Astronomy for Every Kid

【美】詹妮丝·范克里夫 著 张军 译

U0171137

上海科学技术文献出版社

Shanghai Scientific and Technological Literature Press

图书在版编目(CIP)数据

101 个天文小实验/(美)詹妮丝·范克里夫著;张军译.
—上海:上海科学技术文献出版社,2014.12(2022.3 重印)
(做中学)
ISBN 978 - 7 - 5439 - 6401 - 3

Ⅰ.① 1… Ⅱ.①詹…②张… Ⅲ.①天文学—实验—
青少年读物 Ⅳ.① P1-49

中国版本图书馆 CIP 数据核字(2014)第 244632 号

Janice VanCleave's Astronomy for Every Kid: 101 Easy Experiments that Really Work

Copyright © 1991 by John Wiley & Sons, Inc.
Published by Jossey-Bass, A Wiley Imprint
Illustrations © Barbara Clark

All Rights Reserved. This translation published under license.

Copies of this book sold without a Wiley sticker on the cover are unauthorized and illegal.

Copyright in the Chinese language translation (Simplified character rights only) ©
2014 Shanghai Scientific & Technological Literature Press Co., Ltd.

版权所有·翻印必究　　　图字:09-2013-532

责任编辑: 石　婧
装帧设计: 有滋有味(北京)
装帧统筹: 尹武进

101 个天文小实验

[美]詹妮丝·范克里夫　著　张　军　译
出版发行　上海科学技术文献出版社
地　　址　上海市长乐路 746 号
邮政编码　200040
经　　销　全国新华书店
印　　刷　常熟市人民印刷有限公司
开　　本　650×900　1/16
印　　张　14.75
字　　数　159 000
版　　次　2015 年 2 月第 1 版　2022 年 3 月第 4 次印刷
书　　号　ISBN 978 - 7 - 5439 - 6401 - 3
定　　价　35.00 元
http://www.sstlp.com

目 录

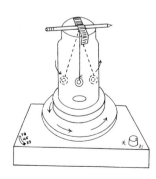

II　空间运动

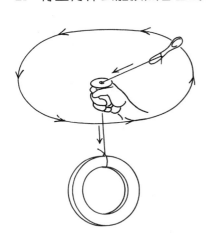

III 太阳

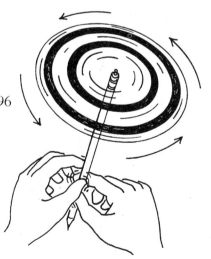

IV 月球

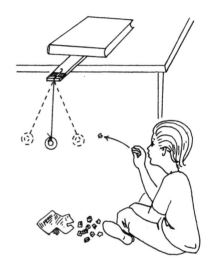

V　星星

VI 太空仪器

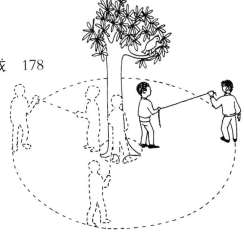

VII 太空之旅

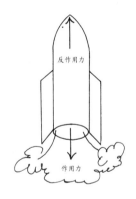

前　言

天文学是研究宇宙间天体运动的学科。早在远古时期，人类就已经对周围的天体产生了浓厚的兴趣。牧羊人在夜晚会仰望星空，去观察夜空中时时会发生的富有戏剧性的变化。无数有关神秘宇宙的神话故事还依旧被人们啧啧称奇。最早的天文学家是埃及人。大约在公元前5000年，埃及人认为他们居住的尼罗河流域是世界最低的地方，而尼罗河流域周围的崇山峻岭支撑起了天空，如果能爬上山顶，天上的星星就能触手可及。太阳神每天坐着太阳飞船穿过天空，晚上从山后返回。天文学家观察并总结有关宇宙空间的事实。众多收集到的关于天体的信息刚刚撩开了宇宙的神秘面纱，还有更多的秘密有待研究。这本书通过妙趣横生的实验来指导你探究问题的答案，比如：为什么哈勃望远镜的分辨率如此高？为什么金星那么热？海王星什么时候会偏离中心？什么是星云？黑洞是如何产生的？这些问题的答案将通过小实验一一揭晓。

本书的目标之一是通过必要的实验步骤指导实验者成功地完成科学小实验；目标之二是教你如何用最好、最简洁的方式解决问题，找出答案。

注意事项

1. 做实验前，要提前细读，完整地阅读每个实验。

2. 准备好所需的实验材料，你将收获更多的乐趣。在实验中，如果准备不充分，最好停下来搜寻实验材料，否则你的思路就会中断。

3. 不要匆忙行事，要详细地按照实验的每一步，既不要省略步骤，也不要增加步骤。切记安全是最为重要的，并且在实验开始前阅读每个说明，然后准确地跟着实验步骤做，这样你才会信心百倍，不会出现预计之外的其他结果。

4. 认真观察。如果实验结果跟书中描述的不同，请再次仔细阅读，并且重新开始每一步骤。

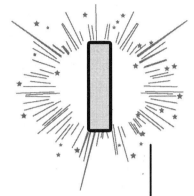

行　星

行星的颜色与温度有关吗

了解行星表面的颜色与行星的温度之间的关系。

2支温度计,一盏台灯,一把尺子,一张白纸,一张黑纸,一把剪刀,一卷透明胶带,2只同样大小的空易拉罐。

注意:确保易拉罐上面开口处的边缘是整齐的,不要有锯齿状缺口,以免划伤手。

❶ 按照易拉罐侧面的尺寸,把白纸和黑纸裁剪成与其相同的大小。

❷ 把这2张纸分别裹在易拉罐的外侧表面上,用透明胶带粘好。

❸ 把2支温度计分别放入2只易拉罐内。

❹ 记录此时2支温度计上的读数。

❺ 把2只易拉罐放在离台灯30厘米远的地方。

❻ 打开台灯的开关。

7 10分钟后，查看并记录2支温度计上的读数。

实验结果

黑色易拉罐里的温度要比白色易拉罐里的温度高。

实验揭秘

黑纸比白纸更容易吸收光，因此黑色易拉罐里的温度更高。而白纸比黑纸更容易反射光，吸收的光少，所以白色易拉罐里的温度更低。吸收光能提高行星表面的温度，因此，表面颜色更浅的行星，说明其表面吸收的光能少，表面温度就更低。

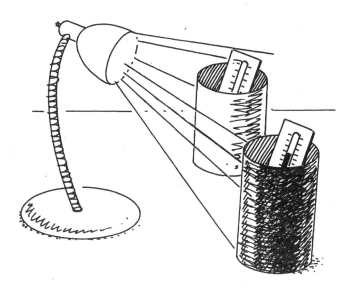

2 行星表面温度因何而异

了解行星表面的温度是如何随地形而变化的。

你会用到

2 支温度计。

实验步骤

❶ 查看并记录此时 2 支温度计上的读数。

❷ 把一支温度计放在大树的树荫下或者一座高大建筑物的阴影处。

❸ 把另外一支温度计放在阳光直射的地面上。

重要提示：一定要把 2 支温度计放在同样类型的地面上（比如都是草地上）。

❹ 20 分钟后，再次查看并记下 2 支温度计上的读数。

实验结果

放在阴影遮蔽处的温度计读数更低。

4

　　枝繁叶茂的大树或者其他建筑物遮住了阳光,在地面上形成了阴影。阴影区域温度低,是因为阴影处接收到的光能比阳光直射到的地方要少。而同一类型的地表如果接受阳光直射则能获取更多的光能,温度也就更高。因此,行星表面温度的变化取决于它的表面地形。如果其表面有更多的大型遮挡物,它们造成的阴影自然会使行星此处的温度比别的地方低。

温度计

金星上也有海市蜃楼吗

实验目的

了解空气的密度如何影响光线的折射。

你会用到

2 只装水的杯子, 2 枚硬币, 2 块葡萄大小的橡皮泥。

实验步骤

❶ 把 2 块橡皮泥分别粘在 2 只杯子里的底部中间。

❷ 将 2 枚硬币分别按压在 2 只杯子的橡皮泥上, 确保硬币放在杯子的中间部位。

❸ 将其中一只杯子加满水。

❹ 将 2 只杯子并排放在桌子的边缘处。

❺ 你靠近桌子站好。

❻ 你一边观察杯子中的硬币, 一边慢慢地向后退。

❼ 当你后退到其中一只杯子中的硬币看不见时就停下来。

在你向后退的过程中,空杯子中的硬币会先看不见,而这时你仍能看见盛满水的那只杯子中的硬币。

实验揭秘

你能先看到水中的硬币,是因为照射到杯中的光线,经过硬币反射到水面并且以一定的角度折射到你的眼中。水的密度比空气大,而密度较大的物质能使光线折射的角度更大,进而从杯子中折射出来被我们看到。污染增加了光的折射,而导致地球大气层密度的改变。金星厚重的大气层所折射的光线要比地球的厉害得多。因此,在相同条件下,在金星上比在地球上更容易看到海市蜃楼,或是物体看起来扭曲变形的状况。

有水的杯子

水星与火星比，哪个温度更高

实验目的

了解行星与太阳之间的距离如何影响行星大气的温度。

你会用到

2 支温度计，一盏台灯，一把米尺。

实验步骤

❶ 将一支温度计放在米尺的 10 厘米处，将另一支温度计放在米尺的 100 厘米处。

❷ 将台灯放在米尺的开始处。

❸ 打开台灯开关。

❹ 在台灯打开 10 分钟后，读出并记录下 2 支温度计上显示的温度。

实验结果

离台灯近的温度计的温度高一些。

　　离台灯近的温度计吸收到的热量多一些,因此温度更高。随着台灯灯光的扩散,离台灯越远的地方,光的强度就越弱,因此离台灯更远的温度计接收到的光能就更少,温度也就更低。水星是离太阳最近的行星,因此它能吸收到的光能就更多。离太阳较远的行星吸收到的太阳能就较少,大气温度也较低。因此水星要比远离太阳的火星热得多。

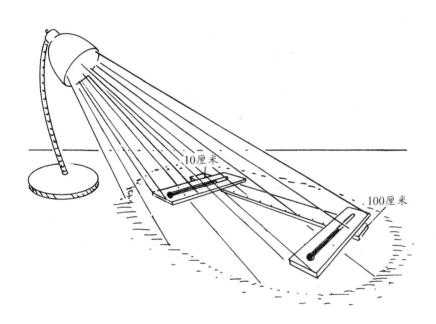

10厘米

100厘米

行星的绕日运行周期有多长

5

实验目的

了解距离如何影响行星的运行周期。

你会用到

一把长尺,一把短尺,一盒橡皮泥。

实验步骤

❶ 在直立的长尺、短尺的顶端分别放一团弹珠般大小的橡皮泥。

❷ 用双手保持 2 把尺子并排在一条直线上,并在同一地面上。

❸ 同时放开 2 把尺子,看谁先触地。

实验结果

短尺先触地。

实验揭秘

长尺上的小球运行的距离要比短尺上小球的运行距离

长。同理可以证明那些围绕太阳旋转的行星的运行距离。水星是距离太阳最近的行星,距离太阳大约 5 796 万千米。水星只需花费 88 天就能围绕太阳旋转一圈。冥王星距离太阳 59亿千米,它绕太阳一圈需要 248 年。

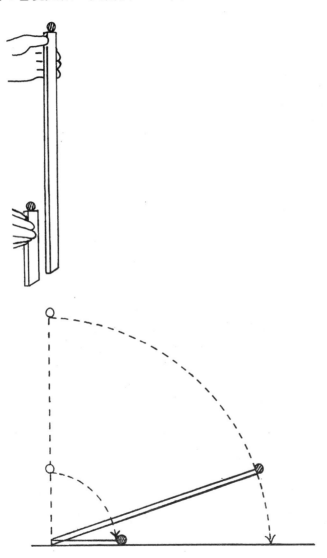

6 离太阳最近的水星

实验目的

了解离太阳最近的水星,人们为什么不容易观察到它的表面。

你会用到

一盏台灯,一支铅笔。

实验步骤

① 打开台灯并让灯泡面朝你。

   注意: 不要直视灯泡。

② 用手抓住铅笔的中心并把铅笔上的商标一面对着你。

③ 将握笔的手臂伸直,离点亮的台灯 15 厘米远。这时你能否看清铅笔的商标与颜色?

实验结果

你看不清铅笔上的商标,并且很难确定铅笔的颜色。

　　铅笔后面的灯光太强,因此你很难看清铅笔的商标及颜色。同样地,水星后面的太阳耀眼的光也使人很难看清水星的表面。水星的体积还不到地球的一半,并且离太阳最近。天文学家从地球上观察水星时,大多数时候都是直接看到了太阳。最早一批有关水星 1/3 表面的照片,是在 1974 年和 1975 年,由"水手 10 号"航天探测器从距离水星表面 125 千米处拍摄到的。

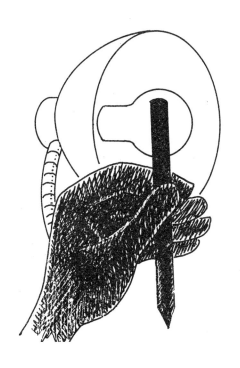

7 水星为什么不会引起日食

实验目的

了解水星为什么不会引起日食。

你会用到

一盏台灯。

实验步骤

① 站在距离台灯 2 米远的地方。

② 闭上你的右眼。

③ 对准台灯向前伸直你的左臂，竖起大拇指，使你的左眼、大拇指和台灯在同一条直线上。

④ 慢慢地将你的左大拇指移到左眼前，直到拇指挡住你的左眼。

实验结果

大拇指离眼睛越远，拇指看上去就会越小，而眼睛能看到的灯泡部分就会越多。

你的拇指挡住了台灯照射到眼睛的一部分光线。当拇指离眼睛越来越近时，被挡住的光线就会越来越多，所以能看到的灯泡部分就较少。同理，水星距离太阳非常近，因此它只能挡住小部分的太阳光，就像你的拇指离台灯很近的时候一样。当水星运行到地球和太阳之间时，水星所能产生的影子只是一个很小的圆点，它产生的影子太小，不会遮住太阳的光。因此，水星不会引起日食。

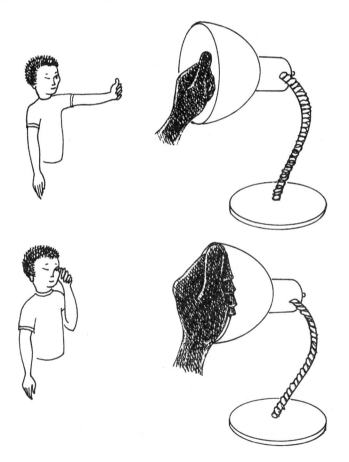

 为什么很难看清
金星的表面

了解金星为什么看上去是模糊的。

你会用到

一把手电筒，一张蜡纸。

实验步骤

❶ 把打开的手电筒放在桌子的边上。
❷ 站在距离桌子 2 米的地方。
❸ 你面向光源并观察它的亮度。
❹ 双手举起蜡纸遮住手电筒的光。

实验结果

透过蜡纸看手电筒的光会很模糊。

实验揭秘

照射到蜡纸上的光会反射。这种现象类似于光线照射到

金星大气中的二氧化碳后会被反射回去一样。金星大气层中的二氧化碳是地球大气层的 10 万倍。二氧化碳气体虽然是无色的,但它会反射光,所以人们很难看清金星的表面。

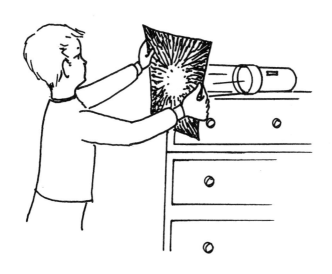

金星的温度为什么那么高

实验目的

了解金星的温度为什么那么高。

你会用到

2支温度计，一只玻璃瓶（瓶子的高度要可放入一支温度计），一个瓶盖。

实验步骤

❶ 把一支温度计放入玻璃瓶并盖好盖子。

❷ 把另一支温度计和玻璃瓶并排放在窗边太阳直射处。

❸ 20分钟后，记录2支温度计的温度。

实验结果

玻璃瓶内的温度计温度更高。

实验揭秘

太阳辐射包括可见光与红外线。可见光可以分解出彩虹般的颜色——红、橙、黄、绿、青、蓝、紫。红外线是从温度较高的物体上辐射出来的。玻璃瓶内的环境与金星的大气相似，红外线不能穿透进来。大部分照射到金星表面或玻璃瓶的太阳光被吸收，使金星的表面和瓶子变热。炎热的表面把能量转换成热辐射也就是红外线。这些红外线被锁在玻璃瓶和金星的大气中。由于金星大气层中二氧化碳的含量是地球大气的10万倍，这些被牢牢锁住的红外线能使金星表面的温度高达427℃。在这样的温度下，炎热的金星就像是个烤箱，会把食物烧成灰，而金星表面的岩石就像是烤箱里被烧得红彤彤的电热丝。

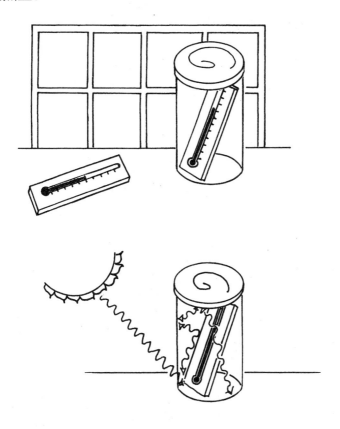

10 地月系统的质心

实验目的

演示地球与月球之间的质心的位置。

你会用到

一支带橡皮擦的铅笔，一团葡萄粒大小的橡皮泥，一枚长图钉，一张蜡纸，一支黑色标记笔，一把尺子，一把剪刀。

实验步骤

❶ 在蜡纸上剪一个直径为 10 厘米的圆纸片。

❷ 用图钉穿过铅笔的橡皮擦再把剪好的圆纸片一同固定在圆心上。

❸ 用标记笔在铅笔上画一个黑点，这个黑点距离圆纸片的边缘向里 1 厘米处。

❹ 在铅笔的笔尖一头粘一团葡萄粒大小的橡皮泥。

❺ 转动圆纸片来观察黑点的位置。

❻ 按住圆纸，转动铅笔。

黑点始终在圆纸片和橡皮泥中间，并保持在距圆周 1 厘米左右的位置。

实验中用铅笔连接的橡皮泥代表月球，圆纸片代表地球，黑点代表地月系统的质心（可以把它视为地月间的平衡点）。地球与月球实际上是共同绕着地月系统的质心做旋转运动。地月系统的旋转点就是质心，它在地球与月球的连线上。地球质量大一些，所以质心靠近地球这一边。这个质心在地球上的位置是不确定的，大概在朝着月球方向的地球表面下大约 1 600 千米的地方。

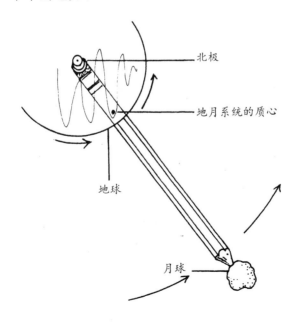

北极

地月系统的质心

地球

月球

地球的自转

实验目的

演示地球自转的方式。

你会用到

一台转盘,一只广口玻璃瓶(容量约1升),一支铅笔,一段线,一枚金属圈(中间开口),一把剪刀,一卷5厘米宽的胶带。

实验步骤

❶ 在金属圈上系一根线。

❷ 剪一段长度是玻璃瓶高度3/4的线。

❸ 把线系在铅笔的中心处。

❹ 将铅笔横放在广口玻璃瓶开口处,使金属圈挂在玻璃瓶中。

❺ 将整卷胶带放在转盘的中央。

❻ 将玻璃瓶固定在胶带卷的中心位置上。

❼ 打开转盘,使用最低速度。

❽ 随着转盘的旋转,调整玻璃瓶和铅笔的位置,使金属圈垂直下垂。

❾ 停下转盘,并且用胶带把铅笔固定在瓶口。

⑩ 使金属圈前后摆动。

⑪ 再次使转盘以最慢的速度转动,并且观察金属圈的运动。

　　尽管玻璃瓶在不断旋转,金属圈仍继续沿着相同的方向前后摆动。

　　惯性是物体具有保持原来状态的一种性质。金属圈一直保持相同方向的摆动是因为它的惯性。在地球的北极,钟摆能够周而复始地摇摆证明了地球在旋转。钟摆持续沿着相同方向摇摆,而与此同时,地球在 24 小时中完成了一天的自转。

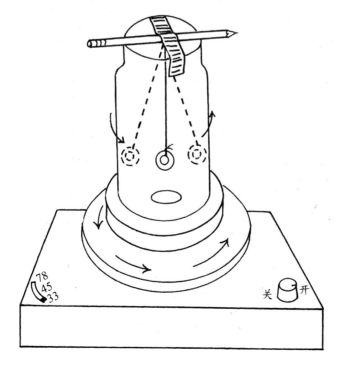

12 地球为什么被称为蓝色星球

了解地球为什么被称为蓝色星球。

你会用到

一把手电筒,一只玻璃杯,一根滴管,一杯牛奶,一把勺子。

实验步骤

❶ 将玻璃杯装满水。

❷ 在暗室中,使手电筒的光束照向玻璃杯的中心。

❸ 用滴管往玻璃杯中加入几滴牛奶,并搅拌。

❹ 再次使手电筒的光束照向玻璃杯的中心。

实验结果

光线能穿过清水,但是当光线照向加了牛奶的乳白色的水时,水呈现出淡淡的灰蓝色。

白光由多种颜色的光组成，它们的波长都不一样。水中牛奶的微粒会把白光中波长较短的蓝波分离散射，使水看起来是蓝色的。大气中的氮分子和氧分子就像牛奶微粒一样，也能够将阳光中的蓝色光分离散射，所以不论是从地面上看天空，还是从太空中看地球，天空或地球都是蓝色的。在这个实验中，玻璃杯中的液体颜色不是纯蓝色的原因是，牛奶的粒子较大，除了散射蓝色光之外，还会散射其他颜色的光。同样的道理，当大气中的尘埃和水蒸气的数量增多时，它们也会散射其他颜色的光，所以天空的颜色也会变成灰蓝色。洁净而干燥的空气呈现给我们的是一片湛蓝色的天空，因为这时阳光中的蓝色光最为分散。

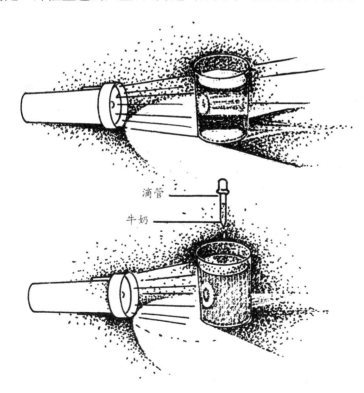

滴管

牛奶

火星为什么有时会逆行

了解火星明显逆行的原因。

一名助手。

❶ 这是一项户外活动。

❷ 请你的助手并肩站在你的身旁,然后让他慢慢往前走。

❸ 你的视线越过助手的头,注意观察他走过去时身体挡住的背景物体。

❹ 你用比你的助手快的速度向前走。

❺ 继续观察你助手身体另一侧的背景物体。

❻ 当你超过你的助手大约 5 米的时候停下来,叫你的助手也停下来。

实验结果

一开始,你要朝前看才能看到你助手经过的背景物体,但是当你领先于你的助手时,你必须向后看才能看到同样的物体。

实验揭秘

你的助手并没有向后走,只是你从不同的位置观察他而已。很早以前,人们认为火星的运动步骤是:向前运动,停止运动,向后运动,然后再次向前运动。但事实上,火星一直在自己的轨道上围绕太阳公转,在它公转的一半时间里,从地球上看,火星是不停地向前移动的。但是,在某段时间内,地球运行得比火星快,这就造成了火星向后移动的假象。这种火星位置的明显变化被称为逆行。

14 木星上的彩云

了解木星上为什么会出现彩云。

一卷双面胶，一张照相相纸（可以在照相店里买到，或者问摄影俱乐部要一张用过的旧相纸，但不要照到阳光），一张硬纸板，一把剪刀。

1. 在硬纸板的中间剪一个心形的图案。
2. 在暗室里，用双面胶把心形剪纸粘贴在显影相纸光滑的一面。
3. 将粘贴着剪纸的相纸拿到室外，在阳光下晒一分钟。
4. 回到暗室，把心形剪纸从相纸上取下来。

显影相纸被心形剪纸覆盖的部分没有任何变化。心形剪纸周围的部分则变成了黑色，因此看上去相纸中央出现了白色的心形。

当太阳照射在相纸上时,相纸曝光后变成了黑色,是因为相纸有光泽的那一面的化学物质在光的作用下会起反应。相纸的黑色程度取决于它曝光的多少。然而硬纸板会挡光,所以硬纸板下面的相纸不会起化学反应,所以仍然保持着原本的颜色。相纸的这一特性或许可以成为木星大气层多彩漩涡云团的最好解释。木星的大气层是由无色的氢气和氦气组成的。这些彩色云团的奇妙之处在于这些颜色一直是分开的,不会混合在一起。科学家们认为这些颜色来自云层里的某些化学物质由于闪电而变色,或是太阳光改变了这些化学物质的颜色,就仿佛是阳光改变了特殊光敏相纸上的颜色一样。

太阳

15 木星大红斑

实验目的

演示木星大红斑的运动。

你会用到

一只广口瓶,一小袋茶叶包,一支铅笔。

实验步骤

❶ 在瓶子中注满水。

❷ 打开茶叶包将茶叶末倒入水中。

❸ 在瓶子的水中央插入一支铅笔。

❹ 快速地用铅笔在瓶子的中心画圆搅动,直到茶叶末开始成群地在水中央随着搅动而旋转。

实验结果

茶叶末呈现出漏斗状的旋涡。

　　铅笔在瓶子中的搅动使茶叶末形成了一个螺旋状的旋涡,这个旋涡是由于水被搅动牵拉茶叶末而形成的。同理可证,一团液体或气体旋转时被牵拉会形成螺旋状的旋涡。我们所看到的木星上的大红斑就是有着超级能量与威力的高速大旋涡,它能把3个地球卷吞下去。人们通常认为木星上的大红斑是由红色粒子随着气体的运动而旋转形成的旋涡,就像茶叶末一样,形成了人们能够看见的木星上的大旋涡。

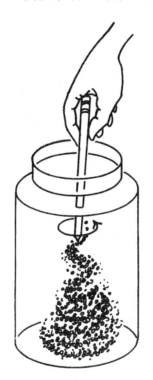

16 木星环为什么会发光

了解木星环会发光的原因。

你会用到

一把手电筒,一瓶爽身粉。

实验步骤

❶ 在一间黑屋子里,把手电筒放在桌子边。

❷ 把打开的爽身粉瓶子放在手电筒光线的下方。

❸ 快速地挤压爽身粉瓶子。

实验揭秘

在爽身粉被喷射之前,几乎看不见手电筒的光线。当爽身粉喷出后,爽身粉的微粒就会反射光,所以能很清楚地看到光线。

光是看不见的,除非它进入你的眼睛。那细小的爽身粉就像围绕在木星环内的小颗粒一样,由于反射光而发出光亮。木星环的顶端离木星的表面大约 54 400 千米。光环中的这些微小颗粒物质被认为是来自木星的卫星——木卫一,它是木星四大卫星中最靠近木星的。木卫一是木星唯一有活火山的卫星,因此,很可能就是木卫一上的火山喷发时抛射出的火山灰形成了木星环。

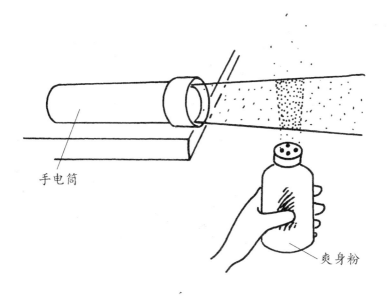

手电筒

爽身粉

木星是恒温的吗

测试在稠密的大气中,分子之间摩擦产生的热量是否守恒。

你会用到

你的干燥的双手。

实验步骤

❶ 将两手手掌合在一起。
❷ 来回快速地摩擦干燥的双手。

实验结果

干燥的双手会在摩擦时感觉到热。

实验揭秘

双手摩擦会产生热,这会使我们联想到具有稠密大气层的行星在运行时会导致行星表面温度上升。比如,在木星上

34

风速可超过1 434千米/小时。木星大气中的气体会持续不断地相互摩擦,但是木星的温度并不会持续不断地上升。这就证明了一个原理:2个分子在摩擦碰撞时,一个分子所得到的能量是另一个分子所失去的能量。正是因为能量守恒,木星才得以保持恒温。因此,一个物体所得到的任何热能便是与之相对应的另一物体所丧失的热能。

18 木星上的闪电

实验目的

了解木星为什么会持续出现闪电。

你会用到

一件羊毛衣物（100％全羊毛），一张薄塑料布（或者塑料封皮），一把剪刀。

实验步骤

❶ 将塑料布剪成长 20 厘米、宽 5 厘米的长条。

❷ 在一个光线很暗的房间里，捏住塑料条的一端。

❸ 用羊毛衣物包住塑料条，然后迅速地把塑料条抽出来。

❹ 反复抽取 5—6 次。

❺ 当抽出塑料条的时候，注意观察羊毛衣物。

实验结果

当羊毛衣物与塑料条产生摩擦的时候，蓝色光会在羊毛衣物间闪现。

羊毛衣物和塑料条摩擦时会发生静电反应。羊毛是带电的,使得塑料条也被动带电。当塑料条上的电荷与羊毛衣物上的电荷相遇时,火花便会产生。闪电与火花经常在木星周围的云中显现。这是由于木星大气中的分子快速摩擦碰撞而产生的,因为大气中的风速达到了 1 280 千米/小时。分子在大气中的摩擦就好像羊毛在塑料条上的摩擦一样会产生火花与闪电。

19 太空隔热层

了解太空如何扮演行星隔热层这一角色。

你会用到

一只热水瓶,2 只水杯,2 支温度计,一只带盖的广口玻璃瓶(容量为 1 升),5—6 块冰块,一把汤匙。

实验步骤

❶ 在玻璃瓶中倒满热水。

❷ 把温度计放在玻璃瓶内大约 2 分钟后,记下玻璃瓶中热水的温度。

❸ 把玻璃瓶中一半的热水倒入热水瓶。

❹ 把玻璃瓶和热水瓶都盖好盖子,静置一小时。

❺ 将热水瓶中的水倒入第 1 只水杯中。

❻ 将玻璃瓶中的水倒入第 2 只水杯中。

❼ 在 2 只水杯中分别放入温度计。等待 2 分钟,然后分别记录 2 只水杯中的温度。记录好温度之后,把水杯里的水倒掉。

⑧ 将冰块放入玻璃瓶中。将自来水倒入盛有冰块的玻璃瓶中,并用汤匙搅拌 15 秒。

⑨ 把温度计放入冰水中 2 分钟。记录下温度计上显示的温度。

⑩ 把还未融化的冰块拿掉,将玻璃瓶中一半的水倒入热水瓶中。盖紧玻璃瓶和热水瓶,并静置一小时。

⑪ 一小时后,将热水瓶中的水倒入第 1 只水杯。将玻璃瓶中的水倒入第 2 只水杯。再次分别用温度计测量 2 只水杯中水的温度。

⑫ 等待 2 分钟,然后记录下 2 只水杯中的温度。

⑬ 比较你记录的热水瓶与玻璃瓶的水温变化。

玻璃瓶

热水瓶

实验结果

热水瓶中的水温变化更小。

热水的热量会逐渐传导到玻璃,最后到空气中。冷水变热是因为热量的传导:空气中的热能先传导至玻璃,然后被玻璃容器中的水吸收。而热水瓶是用传热性小的材料做的,这就意味着热量在其中传导得非常缓慢。热水瓶有内外两层,两层之间是真空的,热量在真空中很难传导,所以热水瓶只有少量的热量传导。同理,太空中的真空环境对于行星来说具有隔热的作用,严格地限制着热量的传导,是隔离的屏障。

土星为什么有土星环

实验目的

了解土星为什么看上去有圆环。

你会用到

一把直尺,一张白色硬纸板,一支黑色记号笔,一把剪刀,一枚图钉,一支铅笔,一瓶胶水。

实验步骤

1. 从硬纸板上剪 3 根宽 2.5 厘米、长 15 厘米的纸条。
2. 把 3 根纸条角度均匀地摆放开,使其中心交于一点。
3. 用胶水把已摆放好的 3 根纸条的中心粘起来。
4. 用黑色记号笔分别在每根纸条的两端各 1 厘米、2.5 厘米处画出黑色横条的标记。
5. 把图钉插入 3 根纸片的中心点,不停地扭转使图钉插入的洞变大,以便纸条能轻松转动。
6. 再把图钉插入铅笔的橡皮擦处。
7. 转动铅笔使纸条旋转。
8. 观察纸条的旋转情况。

当纸条旋转时，你看到的是 2 条黑色圆环。

实验揭秘

在纸条旋转时，由于视觉残留效应，你的眼睛看到了像是连接在一起的 2 个圆环。实际上土星的表面并不是黑色环状，是土星环内的物体在同一轨道上运动形成了看似连在一起的圆环，正如旋转的纸条上出现的 2 个黑色圆环一样。我们看到的土星上的圆环其实是由冰块和尺寸不一的岩石碎片组成的。这些冰块和岩石大小不一，有的像房子一般大，而有的像针尖一样的小。土星看上去白色的地方就是冰块和岩石之间的缝隙，正如在纸条旋转时看到的空白处一样。

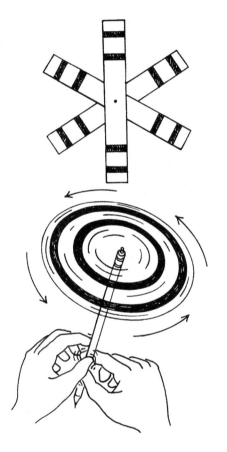

21 土星的卫星与土星环

实验目的

确定土星上的卫星如何影响土星环。

你会用到

一张光盘,一些白砂糖,2 支铅笔,一段胶带,一台转盘。

实验步骤

❶ 将 2 支铅笔用胶带粘在一起,使笔尖在同一水平面上。

❷ 将光盘放在转盘上。

❸ 均匀地在光盘表面撒上白砂糖。

❹ 把铅笔的笔尖一面顶在光盘上。

❺ 用手转动光盘 3 次。

实验结果

当光盘旋转时,铅笔尖端将白砂糖推向两侧,形成 2 个圆圈。

　　土星的一些卫星正好位于构成土星环的碎冰块的轨道上。这些卫星的引力会将土星环内的物质吸引过去，从而在土星环上拖出一道沟，正如铅笔笔尖在光盘上的白糖平面上画出圆圈一样。

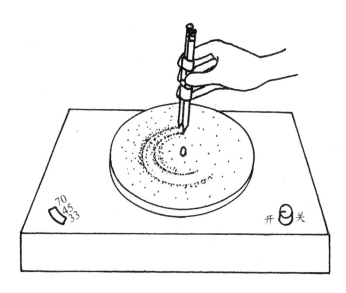

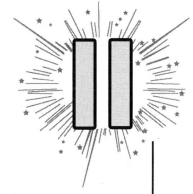

空间运动

引力对行星有何影响

了解引力对轨道上的天体运动的作用。

你会用到

一支铅笔,2把椅子,一根米尺,一卷绳子,一只纸杯,一把剪刀,一些盐,一张黑纸。

实验步骤

❶ 将2把椅子背对背放开,把米尺放在2把椅背的上面,露出尺的两端。

❷ 剪2根1米长的绳子。

❸ 把第1根绳子系在米尺的两端,形成个 V 字形,绳子的两端用胶带粘好。

❹ 把第2根绳子绕过第1根,并使绳子的两端固定并连接到纸杯两边的上沿,使纸杯离地面大约10厘米。

❺ 把黑纸放在悬着的纸杯的下方。

❻ 在纸杯里装满盐。

❼ 用铅笔的笔尖在纸杯的底部戳一个小洞。

⑧ 把纸杯拉向垂直于尺子的方向,然后放手让纸杯自由
摆动。

纸杯在摆动时,散落在黑纸上的盐所形成的图案是不规
则的形状。

纸杯以不同的轨迹运动是因为作用于纸杯上的是不同方
向的力。纸杯在摆动时,V 形的绳子会将它推向另一个方向,
并且一直存在着一个向下的重力。行星就像实验中的纸杯,
有不同的力作用在它们身上。行星在自转的同时也在公转,
所以每颗行星的运行会受到其他行星和自己的卫星的引力作
用,但是最大的引力来自太阳。这些引力交织结合,使得行星
在自己的轨道上围绕太阳运转。

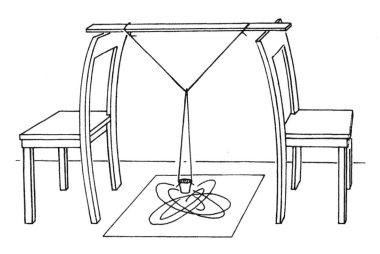

行星的运行速度为什么有快有慢

实验目的

了解行星与太阳之间的距离对行星运行速度的影响。

你会用到

一个金属圈，一根绳子。

实验步骤

注意：这项实验活动应该在户外、远离人群的地方进行。

① 把金属圈绑在 1 米左右的绳子上。

② 抓住绳子的另一端并且把你的手臂向外伸直。

③ 挥动你的手臂转动金属圈，使金属圈以圆形路径转动。

④ 以最慢的速度使金属圈旋转，要保持绳子拉直绷紧。

⑤ 缩短绳子，握住绳子离金属圈 50 厘米之处。以最慢的速度使金属圈旋转，要保持绳子拉直绷紧。

⑥ 握住绳子离金属圈 25 厘米。以最慢的速度使金属圈旋转，要保持绳子拉直绷紧。

当绳子的长度缩短时,若要保持绳子拉紧,必须快速旋转金属圈。

金属圈以长绳圆形路径旋转时,其运行速度较慢;但是,在短绳运转的状态下,其旋转速度比较快。因此,旋转速度的慢与快,取决于行星与太阳之间的不同距离。行星离太阳越近,太阳的引力就越大,行星的旋转速度就越快。行星离太阳越远,太阳的引力也就越小,行星的旋转速度就越慢。水星距离太阳最近,其公转速度最快;离太阳最远的海王星,它的公转速度最慢(金属圈随着绳子旋转只是模拟行星围绕太阳公转,因为太阳与行星之间并没有绳子把两者连接,有的只是引力)。

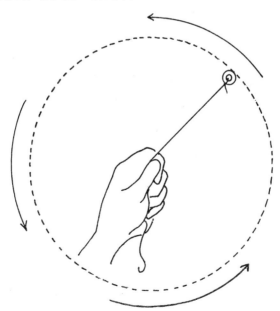

行星为什么不会停下来

实验目的

了解行星为什么会一直保持运动。

你会用到

一只圆盘，一张美术纸，一把剪刀，一颗玻璃弹珠。

实验步骤

❶ 照着圆盘在美术纸上画一个圆圈。

❷ 剪下圆圈。

❸ 把圆盘放在平坦的表面上。

❹ 将圆形纸片放入圆盘里并把玻璃弹珠放在纸上。

❺ 重击玻璃弹珠使它沿着圆盘壁滚动。

❻ 将纸片从圆盘中取出。

❼ 再次重击玻璃弹珠使其沿圆盘壁滚动，注意观察玻璃弹珠运行的距离与速度。

玻璃弹珠滚动的轨迹是圆形的。容器中没有纸片时,玻璃弹珠滚动得更快更远。

惯性是物体保持运动状态不变的属性。惯性使静止的物体继续保持静止,运动的物体继续保持运动,直到被外力所制止。所有的物体都有惯性。比起特别巨大的天体(比如太阳、月亮),玻璃弹珠的惯性小得多,但它们都在抵抗运动中的变化。玻璃弹珠在有纸的圆盘中停止得较快,是因为有摩擦力。当圆盘和玻璃弹珠间的摩擦力变小时,玻璃弹珠的滚动时间就比较长。行星能持续围绕太阳运转是因为它们在太空中的运动没有任何摩擦力的干扰,所以行星不会停下来,而会一直保持运动。

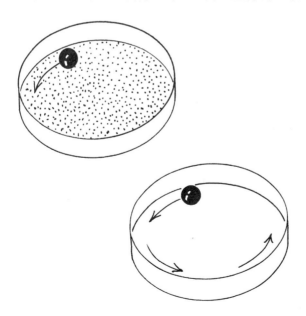

行星为什么能按照各自的轨道绕着太阳转

实验目的

　　了解行星为什么能有规律地围绕太阳运转。

你会用到

　　一把尺子,一把剪刀,一根粗绳子,4枚回形针,一张硬纸板,一张白纸,一只直径为25厘米的圆盘,一支铅笔。

实验步骤

① 照着圆盘分别在白纸和硬纸板上画2个圆。

② 把2个圆剪下来。

③ 把圆纸片对折2次,找到圆的中心点。

④ 将圆纸片覆盖在圆纸板上,用铅笔笔尖在2个圆的中心戳一个洞。

⑤ 把圆纸片扔掉。

⑥ 把绳子剪成1米长。

⑦ 将绳子的一头穿过圆纸板的中心点,在洞的下面系上一个结,防止绳子从洞中被拉回。

⑧ 用4枚回形针等距离地夹住圆纸板。

⑨ 抓住绳子的另一端，左右摆动圆纸板。

⑩ 迅速向里快速旋转圆纸板，然后像之前那样继续摆动。

实验结果

当圆纸板被快速向里旋转时，圆纸板会一面转动，一面摆动，而且保持转动的方向不变。

实验揭秘

在力的作用下，硬纸板会像陀螺一样朝着一个方向旋转。行星绕着太阳公转的同时，还会绕着它自己的轴自转，同时保持自转的方向不变，就如同这个实验中的圆纸板一样。

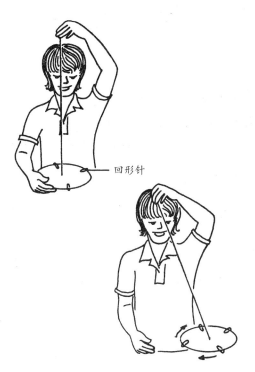

回形针

26 膨胀的宇宙

实验目的

了解银河系如何向外移动。

你会用到

一只圆气球，一支黑色记号笔，一面镜子。

实验步骤

❶ 把气球吹得像苹果那么大。

❷ 使用记号笔在气球上任意画 20 个点。

❸ 站在镜子前，一边吹气球，一边观察画在气球上的点之间的距离变化。

实验结果

当气球慢慢被吹大时，点与点之间的间隔会越来越大，不会有两个点之间的距离变小的状况出现。

　　天文学家认为星系的移动与气球上的点的移动方式是相似的,会越来越远,而且远离的速度并不相同。1929 年,爱德温·哈勃博士发现,离我们越远的星系,它的离去速度就越快。因为,没有 2 个星系在移动时会变近,所以,科学家认为宇宙是在不断向外扩张的。

最远的行星

实验目的

了解海王星为什么成为最远的行星。

你会用到

一块布告板,6 枚图钉,一段绳子,一支铅笔,一把剪刀,一把尺子,一张纸。

实验步骤

❶ 把绳子剪成 30 厘米长。

❷ 把绳子的两端系起来,形成一个圈。

❸ 用 4 枚图钉把纸固定在布告板上。

❹ 画一条 13 厘米长的线段,并用图钉钉在线段的两端。

❺ 把圈绕在固定的 2 枚图钉上。

❻ 用铅笔尖拉直绳子,使笔尖与 2 枚图钉之间形成一个三角形。

❼ 把绳子拉紧并用铅笔沿着绳子的内侧在纸上画出椭圆。

❽ 再剪一段长为 20 厘米的绳子,并将两端打结形成一个圈。

❾ 同样把绳子绕在 2 枚图钉上,把绳子拉紧并用铅笔沿

着绳子画一个新的椭圆。我们会发现小椭圆与大椭圆
有交叉重叠之处。

纸上会出现2个交叉的椭圆形。

所有行星的轨道都是椭圆形的,冥王星(现在已不是行
星)的轨道与海王星的轨道有交叉重叠之处。冥王星围绕太
阳转一圈需要248年,在其中某个时期,冥王星会进入海王星
的轨道内侧。这个时候,海王星是离太阳最远的行星。冥王
星上一次通过近口点是在1989年。

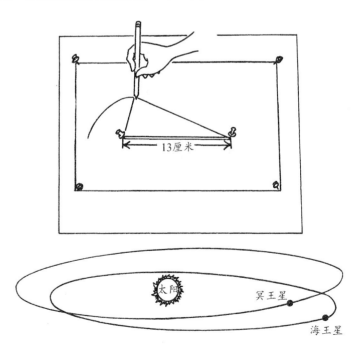

月球为什么绕着地球转

实验目的

了解月球为什么绕着地球转。

你会用到

一把剪刀，一根绳子，一盒橡皮泥，一支铅笔，一把尺子。

实验步骤

① 剪一段 30 厘米长的绳子。

② 把绳子的一端系在离铅笔的末端 3 厘米之处。

③ 用橡皮泥揉成一个柠檬大小的球。

④ 使橡皮泥球包住铅笔和绳子的交点，确保橡皮泥包住绳子。

⑤ 在铅笔的另一端，粘上葡萄般大小的橡皮泥团。

⑥ 抓住绳子的另一端，在橡皮泥团上加减橡皮泥，直到铅笔能保持水平状态。

铅笔能保持水平的状态。

绳子和铅笔的交点有可能是质心,即质量中心集中于一点。物体在质心能保持平衡。月球和地球仿佛一个整体围绕太阳运转。地球与月球实际上是在围绕着它们共同的质心做旋转运行。地月系统的质心位置大约是位于朝着月球那一面的地球表面之下1 600千米的地方,所以可以近似地认为月球绕着地球转。

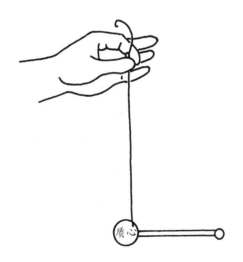

金星上的自由落体

实验目的

了解大气阻力如何影响自由下落的物体。

你会用到

一张纸，比这张纸的面积大的一本书。

实验步骤

❶ 把纸放在书本上，使纸的一半悬在书的外边。

❷ 双手捧着书本于腰间，然后放开双手让放有纸的书本自由地下落。

❸ 观察纸片和书本下落的快慢。

实验结果

书本和纸片下落时，纸片下落的速度比书本要慢得多。

实验揭秘

物体下落时，会遇到空气分子。这些空气分子会托起物体,使物体的下落速度减慢。书本会更早落地,是因为书本自身向下的重力远远大于空气的阻力。而纸片受到的重力和空气的阻力相当,因此以较慢的速度下落。所有的物体在真空中都以同样的速度下落,因为在真空状态下没有大气的阻力,所以纸片和书本在真空中会同时落地。在大气密度高的金星上,书本下落的速度会减小,这是因为金星的大气阻力比地球上的要大得多。

纸
书

行星的曲线运动轨迹

了解太阳引力如何影响天体运动。

你会用到

一张复写纸，一张白纸，一个夹纸板，一盒橡皮泥，一只卷纸筒，一粒大的玻璃弹珠。

实验步骤

❶ 把白纸放在夹纸板上。

❷ 把复写纸放在白纸上面，有蜡的那一面朝下。

❸ 把 2 张纸都夹在夹纸板上。

❹ 在夹纸板的 2 个角落放 2 团玻璃弹珠大小的橡皮泥，以此来抬高夹纸板。

❺ 把卷纸筒的一头放在夹纸板的右上方。

❻ 使卷纸筒和夹纸板顶端保持平行。

❼ 稍微加一点橡皮泥，放在右侧来抬高卷纸筒。

❽ 把玻璃弹珠放在卷纸筒高起的那一头，让它沿着纸筒内部滚下来。

⑨ 拿开复写纸,观察在白纸上留下的印迹。

实验结果

由玻璃弹珠滚动产生的印迹是弯曲的。

注意: *如果玻璃弹珠的轨迹弯曲不明显,请改变一下夹纸板的倾斜度,再试一次。*

实验揭秘

如果没有重力向下拉,玻璃弹珠在穿过纸筒后会保持直线移动。水平前行的动力再加上向下的重力一起作用,推动了玻璃弹珠沿着曲线滚动。同理,行星的运行轨迹受到水平向前的力和太阳引力的综合影响。如果没有太阳引力,行星就不会绕着太阳转,而是会沿着直线运动并且离太阳越来越远。

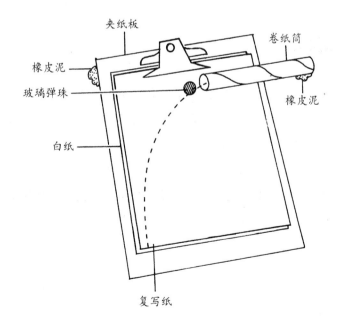

卫星为什么不会相撞

实验目的

了解卫星为什么会沿着轨道运行而不会发生碰撞。

你会用到

一只空罐子,一张广告板,一支铅笔,一把剪刀,一粒玻璃弹珠,一卷胶带。

实验步骤

① 在广告板上画一个直径为 55 厘米的圆。

② 剪下圆纸,把圆等分成 8 份,用剪刀剪去 1/8 的部分。

③ 把圆剩下的部分卷成一个漏斗,紧贴着罐子顶部,粘住漏斗以防松开。

④ 把漏斗和罐子外部用胶带粘起来。

⑤ 从漏斗的上部快速使玻璃弹珠沿着漏斗内壁滚动,观察其运动轨迹。

玻璃弹珠绕着漏斗内壁滚动时,弹珠其运动轨迹是螺旋向下的。玻璃弹珠最后会落到漏斗底部,随即停止运动。

实验揭秘

纸摩擦力使玻璃弹珠的水平运动速度减慢,地球的引力又会使弹珠向下移动。如果卫星没有受到任何阻力,会保持着一直向前运动的力,那么它就会一直围着地球运转。但如果有阻力,正如实验中的玻璃弹珠一样,当它们减速时,地球的引力会把它们拉向地球直至撞上地球。行星和月球也是一样,因为它们都绕着太阳或母行星运行,如果它们向前的速度下降,最终会出现相撞的结果。

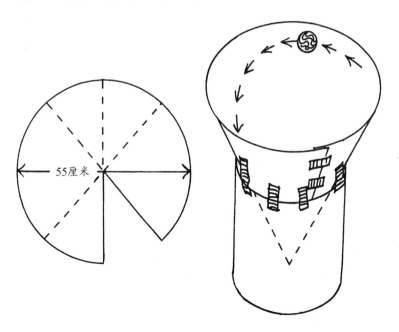

55厘米

 向心力

了解卫星在轨道中运行具有向心力。

一卷胶带，一把金属汤匙，一只线轴，一根线，一把米尺。

1 剪一根 1 米长的线。

2 把线的一端系在胶带卷上。

3 把线的另一端穿过线轴的洞。

4 把穿过洞的线的那一端系在汤匙上。

5 一只手抓住胶带卷，另一只手握住线轴。

6 快速水平旋转线轴，使得汤匙能在你的头顶上方作水平圆周旋转。

7 放开胶带让它自由吊着。

8 握住线轴，使汤匙继续旋转。

9 观察胶带卷的运动。

金属汤匙会被胶带卷拉着继续作水平圆周旋转。

实验揭秘

胶带卷会牵拉着线,产生向内的力,使得汤匙保持水平圆周旋转。这种向着中心拉引的力叫作向心力。如果没有线拉着汤匙,汤匙就会以直线的方向飞出去。任何在圆形轨道上运动的物体,不论是汤匙还是卫星,都有向心力使其保持绕轨旋转。围绕行星运行的月球和绕着太阳运转的行星都是绕轨运行的天体。它们自身的前行速度能阻止它们被拉向行星或太阳,与此同时,环绕行星或太阳的向心力阻止了它们飞出自己的轨道。

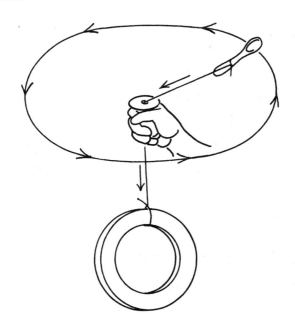

看似静止的地球
同步人造卫星

实验目的

了解地球同步人造卫星看上去为什么是静止的。

你会用到

一根大约 3 米长的绳子,一名助手。

实验步骤

❶ 在户外空旷的区域,用一棵树或其他物体代表地球。

❷ 让助手抓住绳子的一端,你自己抓住绳子的另一端。

❸ 让助手站在树旁。

❹ 你和助手拉紧绳子开始行走,并保持你、树木、助手始终在一条直线上。

实验结果

站在外圈的你移动得越来越快,但是站在内圈的助手则移动得慢一些。

外圈的距离比内圈的距离长很多,因此站在外圈的人走的速度要更快才能和内圈的人的行走保持一致。地球同步人造卫星大约在地球赤道上空 36 000 千米处,尽管这些卫星看上去好像是静止的,但是它们要快速而同步地围绕地球运转,才能跟上地球每天 24 小时的自转周期。赤道上方有 120 多颗地球同步人造卫星。位于75°经线和135°经线的 2 颗同步人造卫星可探测地球 1/3 的表面。这些看上去"静止的"地球同步人造卫星为我们提供了大量的、有价值的气象信息。

太 阳

太阳

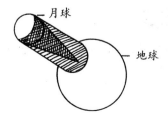

月球

地球

太阳光的辐射传播

实验目的

了解太阳光如何在太空中传播。

你会用到

一顶有帽檐的帽子。

实验步骤

❶ 你站在屋外的阳光下。

❷ 面朝太阳的方向站 5 秒钟。

　　注意：千万不要直视太阳，以免伤害眼睛。

❸ 戴上帽子，让它遮住你的脸。

❹ 戴着帽子正对太阳的方向站 5 秒钟。

❺ 摘下帽子，仍在原地站 5 秒钟。

实验结果

在没戴帽子时，你的脸会感觉到很热。

　　太阳发出的光和热被可见光传送的过程称作辐射。光以30万千米/秒的速度以直线运行,所以帽子的边缘可以阻止光线照到脸上。从太阳出发的太阳光,要8.5分钟后才能照射到你的脸上,光能转变为热能。太阳与地球之间的空间接近于真空,因此太阳光只能以光波的方式传播,而不需要别的导热物质。

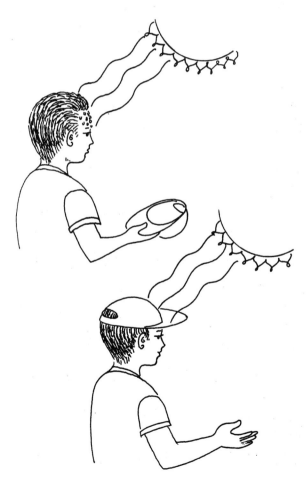

35 日食

实验目的

了解日食的产生原因。

你会用到

一枚硬币。

实验步骤

❶ 闭上一只眼睛,用另一只眼睛去看远处的一棵树。

❷ 手上放一枚硬币,并将手臂向眼睛前方伸直。

❸ 将手缩回,让硬币逐渐靠近睁开的眼睛,直到它贴着眼睛。

实验结果

当硬币靠近脸时,在你的眼中,远处的那棵树会渐渐变得不完整,直到最后完全看不到。

实验揭秘

硬币比一棵树小很多,正如月球比太阳小很多一样。但

74

是当硬币或月球靠近观察者时，它们都可以挡住光线。当月球运行到地球与太阳中间时，就像硬币一样会把太阳的光线挡住了，这就叫日食。月球绕地球一圈大约需要一个月，但日食并不是每个月都会发生。月球并不是完全沿着地球赤道上方绕地球转，而且地轴是倾斜的，这些因素导致了月球的影子在大多数时间内不会落到地球表面，发生日食的次数每年不会超过3次。

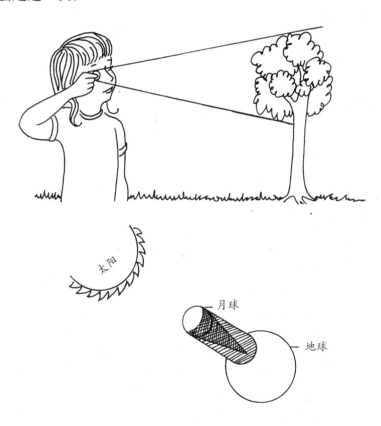

太阳

月球

地球

36 日冕仪

用日冕仪来演示日食的发生。

一把直尺,一张 30×30(厘米)的硬纸板,一卷胶带,一只指南针,一只手表,一支记号笔。

1. 在正方形的硬纸板中心画一个圆。
2. 在圆的上部写一个"北"字。
3. 把一支铅笔穿过圆心,用胶带把它粘住,保持铅笔垂直于硬纸板,"日晷"就做成了。
4. 在天气晴朗时,把制作的日晷放在阳光下。
5. 用指南针确定"北"的方向,把硬纸板上的"北"字正对着北方。
6. 用记号笔标出影子的中心位置,并记下当时的时间。
7. 尽量在不同的时间,重复以上的步骤。
8. 用日冕仪当作时钟。

在一天的不同时刻,铅笔会在圆上的不同位置投下影子,影子的中心区域会比其他区域更暗。

铅笔投下的影子是因为太阳光沿着直线运动,铅笔挡住太阳光,在纸上形成了阴影。阴影中央更暗的部分叫作本影,而外层不太暗的部分叫作半影。日食的发生是由于月球挡住了太阳光,并在地球上形成影子。铅笔的影子不断改变位置的原因是因为地球在自转,太阳光的照射方向会变化。所以日食发生时,月球的影子就像实验中铅笔的影子一样,由于地球的自转而在地球不同的区域移动。

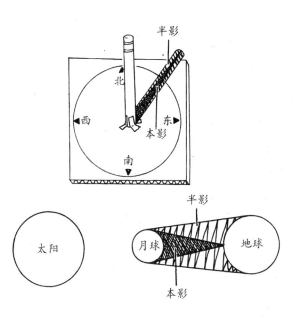

37 日冕与日食

实验目的

了解日食发生时是研究日冕的好机会。

你会用到

一张卡片，一枚大头针，一盏台灯。

实验步骤

注意： 千万不要用肉眼直视太阳，以免刺伤眼睛。

❶ 用大头针在卡片中央戳一个小洞。

❷ 轻轻地使小洞变大，以便可以看到卡片后面的物体。

❸ 打开台灯。

❹ 闭上你的右眼。

❺ 把卡片放到你的左眼前。

❻ 穿过小孔看台灯的灯光。

实验结果

当你的视线透过小孔可以看到灯泡上的字。

卡片挡住了来自灯泡的大部分光,所以你可以看见灯泡上的字。日食发生时,月球阻挡了来自太阳的耀眼的强光,只露出小部分不太亮的外层,也就是日冕,正好为我们提供了研究日冕的好机会。

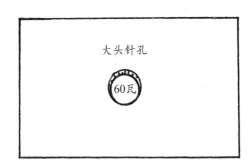

大头针孔

60瓦

 七色光

了解太阳光包含多少种颜色的光。

你会用到

一支透明的塑料圆珠笔，一张纸。

实验步骤

❶ 在靠近窗户的桌上放一张纸，使早晨的阳光能照射到这张纸上。

❷ 把圆珠笔放在纸上，使阳光可以照射到笔上。

❸ 在纸上慢慢地来回转动圆珠笔。

实验结果

多种颜色的光线会出现在圆珠笔的阴影中。

实验揭秘

透明的塑料就像一面棱镜，能分解太阳光线，于是出现了

红、橙、黄、绿、蓝、靛、紫色七种不同颜色的光。你或许不一定能看清当中的每一种颜色,但你能判断出颜色是从红到紫的顺序变化的。

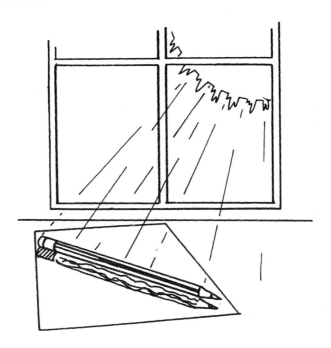

时钟可作指南针

实验目的

证明时钟可用作指南针。

你会用到

一张纸,一根大头针,一只指南针,一把直尺,一把剪刀,一张 30×30(厘米)的硬纸板,一支铅笔,一只时钟。

实验步骤

❶ 剪一个直径为 15 厘米的圆纸片。

❷ 在圆纸片上按照时钟的样子画上 12 个时刻。

❸ 把画好的表盘放在硬纸板的中央。

❹ 垂直于圆心用一根大头针固定好表盘。

❺ 把硬纸板放在阳光直射的户外。

❻ 转动表盘,直到大头针的影子指向现在的时刻上。

实验结果

"北"位于大头针影子与表盘的"12"中间的位置上。

注意： *可用指南针来检查"北"的准确性。*

实验揭秘

3月21日和9月23日当太阳从正东方升起,在正西方落下时,这个自制的"指南针"是最准确的。这两天的正午时分,大头针的影子正好指向"北"。在一年中的其他时间,这个简易的"指南针"就不会那么精确,但是它还是能指出"北"的大致方向的。

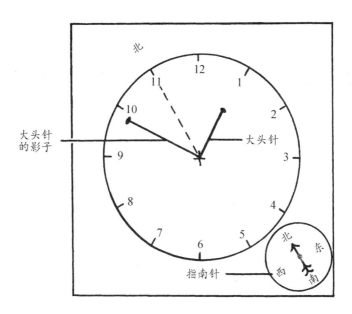

40 行星的磁场

实验目的

了解行星间的磁场。

你会用到

一些铁屑，一块磁铁，一张纸，一根绳子，一把剪刀，一卷遮蔽胶带，一把尺子。

实验步骤

1. 剪下一条 15 厘米长的绳子。
2. 把绳子绑在磁铁上。
3. 把磁铁放在桌上并在上面覆盖一张纸。
4. 在纸片上撒少许铁屑。
5. 轻拉绳子，在纸上的铁屑便会随之而移动。

实验结果

磁铁上的铁屑在纸上会构成一个圆形图案，磁铁一动，铁屑就会随之而动。

磁场可以使磁性材料(如铁屑)产生运动。

磁铁一动,铁屑就会感受到磁铁周围的磁场而跟着移动。地球具有磁场,所以指南针的铁质指针会一直指向北方。地球的磁场能使在地球轨道上所有具有放射性的粒子产生运动偏移。这些粒子是从太阳耀斑中发射出来的。当其他行星围绕着太阳运行时,行星上的放射性粒子也会产生运动偏移,就证明了那些行星同样也具有磁场。

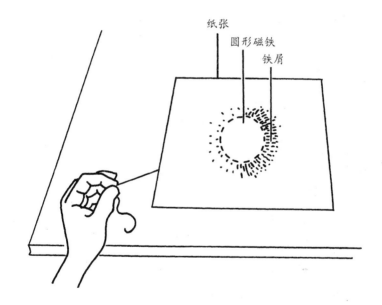

纸张
圆形磁铁
铁屑

 光的折射

了解日出前或日落后能看见太阳的原因。

你会用到

一只小碗,一团橡皮泥,一枚硬币,一些水,一名助手。

实验步骤

❶ 把核桃大小的橡皮泥按压在小碗的中心。

❷ 把硬币粘在橡皮泥的中心。

❸ 把碗放在接近桌子的边缘处。

❹ 站在桌子附近的位置,但要能看到整个硬币。

❺ 向后缓慢后退直到刚好看不见硬币。

❻ 让你的助手帮你将小碗装满水,这时你再从所站的位置看是否能看见硬币。

实验结果

你能看见硬币,但是它会出现在碗里的另一个位置上。

实验揭秘

当光线碰到水中的硬币,再折回到空气中时,光线改变了方向,看起来似乎硬币已不在原先的位置。这种光线方向的改变叫作光的折射。地球的大气也会使光折射,所以早晨太阳从地平线升起之前以及傍晚太阳落在地平线之后,人们短时间内还能看到太阳。

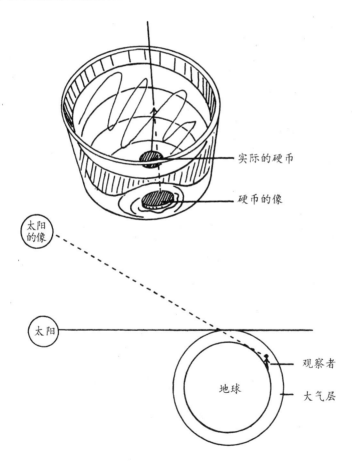

实际的硬币

硬币的像

太阳的像

太阳

观察者

地球

大气层

 火星上的赤道与两极
也有温差吗

实验目的

了解为什么火星与地球都有寒冷的两极。

你会用到

2张黑纸,2支温度计,一本书,一卷胶带。

实验步骤

❶ 把2张黑纸分别粘在书的两侧。

❷ 把书放在阳光下,一张黑纸向着阳光,另一张黑纸背对
阳光。

❸ 用胶带在2张黑纸上各固定一支温度计。

❹ 10分钟之后分别记下2支温度计上的读数。

实验结果

向着阳光的温度计读数更高。

　　向着阳光受到太阳直射的黑纸吸收了更多的太阳光,温度就更高。受阳光直射的地方比受阳光斜射的地方热。地球赤道吸收的热量是极地的 2.5 倍。火星和地球一样有寒冷的两极。这是因为这 2 颗行星都是微微倾斜的,所以中心点比两极能够接收到更多的太阳直射光。

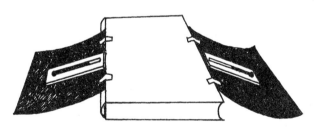

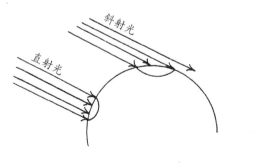

斜射光

直射光

如何测量太阳的大小

实验目的

了解如何计算太阳的大小。

你会用到

一张纸,一把米尺,一卷胶带,一支铅笔,一张卡片,一根大头针。

实验步骤

❶ 在纸上画 2 条平行线,两线之间的距离与铅笔芯的直径一样大。

❷ 用大头针在卡片中央戳一两个洞。

❸ 折叠卡片的一边,把它粘到米尺刻度为 0 的上端。

❹ 把画有半行线的纸放在米尺刻度为 21.8 厘米处。

❺ 站在可以让卡片的影子落在纸上的地方。

❻ 仔细观察,确定小光点的位置。

注意:不要直视太阳,以免刺伤眼睛。

❼ 移动纸张,以便小光点刚好位于 2 条平行线之间。

太阳的影像刚好位于纸上 2 条平行线之间。

实验揭秘

从卡片上的洞到纸的距离是纸上小光点直径的 109 倍,把这个距离除以 109,就可以得到小光点的直径。

$$距离 \div 109 = 铅笔芯的直径$$
$$218 \text{ 毫米} \div 109 = 2 \text{ 毫米}$$

从地球到太阳的距离是太阳直径的 109 倍。天文学家计算了地球到太阳的距离大约为 1.5 亿千米,距离除以 109 得到了太阳的直径。

$$太阳直径 = 距离 \div 109 = 137\,614.4 \text{ 千米}$$

44 扁太阳

实验目的

了解大气层如何改变太阳的形状。

你会用到

一支铅笔,一张纸,一把放大镜。

实验步骤

❶ 在纸的中央画一个直径为 2.5 厘米的圆。

❷ 用放大镜看这个圆。

❸ 不断前后移动放大镜观看这个圆。

实验结果

圆的形状开始扭曲变形。

实验揭秘

放大镜的玻璃厚度不均匀,当光透过放大镜时,光线改变了方向,这种光线方向的改变就称为折射。镜面越厚,折射的光越多。我们可以看到的虚像(不是真实的像)是因为光的折射而成,譬如,在镜子中看到的我们。黄昏当太阳接近地平线时,由于光的折射,太阳是扁的。太阳底部边缘发出的光线更接近地平线,因此,相比太阳顶部边缘光线要穿透更多的大气。当光线穿透更厚的大气时,它们朝地球弯曲得更厉害。大气层如同放大镜,当光线穿过时会改变方向,因此所看见的图像就变形了。

注意: *做这个实验时,小心别用眼睛直视太阳。即使微弱的阳光也能灼烧你柔弱的视网膜。*

太阳风

了解地球为什么不会受太阳风的侵袭。

一根吸管,2张纸,一块磁铁,一些铁屑。

❶ 把一张纸盖在磁铁上。

❷ 将第2张纸折起来并将铁屑放入其中。

❸ 将第2张纸放在离磁铁15厘米之处。

❹ 用吸管对准折纸中的铁屑,将铁屑笔直地吹向磁铁,不要吹歪。

铁屑被吸到第1张纸上,大体形状与盖在纸下方的磁铁的形状相似。

在磁铁周围有吸引铁屑的磁场。地球也有磁场,地球磁场会抓住太阳带电粒子或是使太阳带电粒子改变路径,就像纸下面的磁铁能引住铁屑一样。这些太阳带电粒子是太阳耀斑或太阳黑子的产物。这些运动的带电粒子形成了太阳风,并以每小时 160 万—320 万千米的速度吹向地球。太空中的宇航员有可能在太阳风中遇到危险,因为这些带电粒子的能量相交,会伤害生物的细胞组织。如果地球没有磁场,地球上的生物都会处于被带电粒子的伤害之中,非常危险。

太阳为什么会东升西落

演示太阳"运行"的轨迹。

一支铅笔,一只圆形玻璃碗,一支记号笔,一只指南针。

❶ 在纸的中央画一个标记"×"。

❷ 把纸放在室外阳光下。

❸ 把玻璃碗倒扣在画有"×"的纸的中央。

❹ 用铅笔笔尖沿着玻璃碗移动,使笔尖的影子正好指在"×"标记上。

❺ 用记号笔在铅笔笔尖所指的玻璃碗上画一个点。

❻ 白天每隔一小时用同样方法继续做出标记。

❼ 用指南针确定太阳的移动方向。

在玻璃碗上，一条曲线记录了太阳从东方开始升起一直到西方落下的路径。

实际上太阳并没有自东向西"运行"而是地球自西向东在自转。地球 24 小时向东自转一圈，就会给人一种错觉：太阳从东边升起，中午达到最高点，然后开始向西落下。因为地球的轴是倾斜的，实际上太阳只有在春季和秋季时才是真正意义上的东升西落。但是在冬季，太阳从东南方升起，从西南方落下；而在夏季，太阳从东北方升起，从西北方落下。

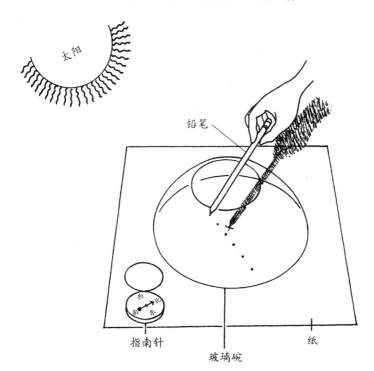

太阳

铅笔

指南针　　玻璃碗　　纸

月　球

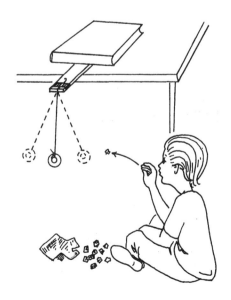

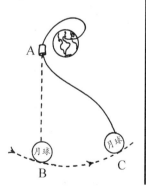

47 为什么会出现极光

了解极光的产生原因。

你会用到

一只打孔器，一张餐巾纸，一只小的圆气球，你自己的头发（确保干净、干燥、没有油）。

实验步骤

❶ 用打孔器在餐巾纸上打出 20—30 片圆纸屑。

❷ 把圆纸屑放在桌子上。

❸ 用气球反复摩擦你的头发 10 次。

❹ 把气球摩擦你头发的一面靠近纸屑，但一定不要碰到纸屑。

实验结果

圆纸屑会被吸到气球上，偶尔有一些圆纸屑会从气球上落下。

这个实验中的圆纸屑代表围绕地球的带电粒子,气球则代表地球。地球的周围有磁场,能使太阳带电粒子改变路径或将其抓住。地球的两极就像强有力的磁铁,会把一些带电粒子引向地球。但是,这些带电粒子不像圆纸屑,它们不会落到地球上,而是在两极附近的大气上层中移动,撞击大气层中的气体原子。气体原子在被这些带电粒子撞击时会被激发,释放出可见光。不同类型的原子会发出特定颜色的光,就形成了极为壮观的极光。在北半球的极光被称为北极光,在南半球的极光被称为南极光。

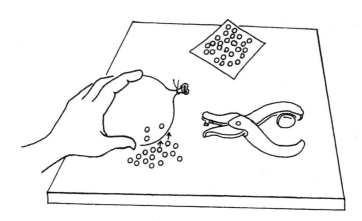

移动的靶位

实验目的

模拟向月球发射宇宙飞船的情景。

你会用到

一段绳子,一把直尺,一只金属圈,一把剪刀,一张纸巾,一本书,一卷胶带。

实验步骤

❶ 剪一段 60 厘米长的绳子。

❷ 把绳子的一端用胶带固定在直尺的一端。

❸ 把金属圈系在绳子的另一端。

❹ 把直尺放在一张桌子上,直尺伸出桌外约 10 厘米。

❺ 在直尺上放一本书,把尺子固定在桌子上。

❻ 把纸巾撕成 10 根小条,并将每条揉成葡萄般大小的纸团。

❼ 拉动金属圈,再放手使金属圈摆动。

❽ 坐在离摆动的金属圈大约 1 米远的地方,依次向移动的金属圈投掷 10 个纸团。

❾ 记录纸团击中摆动的金属圈的次数。

实验结果

你可能不会成功地击中摆动的金属圈。如果是这样,请再尝试几次。

实验揭秘

用一个移动的物体去击中另一个移动的目标是很困难的。因为纸团的移动需要时间。当纸团移动时,金属圈就移动到了另一位置。这个实验模拟了宇宙飞船飞向月球时会发生的相同的问题。宇宙飞船必须确定月球移动的方位。如果宇宙飞船从 A 点沿着虚线指示的直线飞行,它将会飞离月球。因为月球实际上已不在那个位置了,它正在以 3 200 千米/小时的速度绕着地球转。在宇宙飞船到达 B 点时,月球已经移动到 C 点。宇航员知道,月球和宇宙飞船会在月球轨道上的某某一点汇合,所以宇宙飞船只需朝着那一点飞行,就可以到达月球。因此,必须预先算好纸团投向金属圈将要达到的那个点,纸团才能打中金属圈。

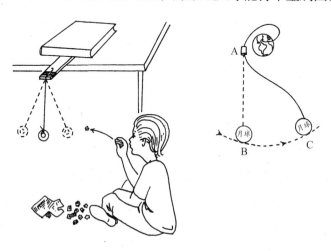

49 月光的速度

实验目的

演示月光到达地球的时间,并对比光的速度和人的跑步速度。

你会用到

一只秒表,2 名助手,2 支铅笔,一把米尺。

实验步骤

❶ 请一名助手做计时员,请他在发起跑命令的同时按下开始的时间,4 秒后发生停止的命令。

❷ 另一名助手观看整个过程并确定在 4 秒后你所在的位置。

❸ 把铅笔放在地上标记好你起跑的位置。你站在起跑线上。

❹ 当计时员说开始时,尽你最快的速度向前跑。

❺ 在 4 秒后当计时员宣布停止时,你马上停下来。

❻ 另一名助手把另一支铅笔放在 4 秒钟后你停止的地方做个标记。

❼ 使用米尺测出你跑的实际距离,再把距离除以 3。

把距离除以 3,得出了你在 $\frac{4}{3}$ 秒里所跑的路程。以下的结果来自本书作者的实际记录:

$$4 秒的总路程 \div 3 = 4/3 秒所行驶的路程$$
$$19.2 \div 3 = 6.4(米)$$

4/3 秒是光从月亮到达地球所需的时间,作者在她自己的院子里用 4/3 秒跑了 6.4 米,然而月光在 4/3 秒里却惊人地移动了 38.4 万千米。

 为什么会有月光

实验目的

了解月球为什么会有月光。

你会用到

一面自行车反光板，一把手电筒。

实验步骤

❶ 在晚上做这个实验。

❷ 把手电筒的光照在自行车的反光板上。

❸ 关上手电筒，再看自行车的反光板。

实验结果

反光板在手电筒开着时才会发亮。

实验揭秘

自行车反光板本身不会发光，但是反光板能把照到它上面的光线反射出去。月球自身不是发光体，它不会发射光，月

球只是反射太阳光,所以我们能看到月光。如果没有太阳,月亮也就不会有月光了。

月球的轨迹

实验目的

了解月球为什么会在固定的轨道上绕着地球运动。

你会用到

一只一次性圆纸盘，一把剪刀，一粒弹珠。

实验步骤

1. 从中间均匀剪开圆纸盘，取其中的一半待用。
2. 将弹珠放在圆纸盘一端的边缘部分。
3. 将圆纸盘放在桌面上并将其一端稍微抬高使弹珠能沿着纸盘周围的凹槽快速滚动。

实验结果

弹珠会离开圆纸盘并沿着直线流出去。

实验揭秘

物体在没有受到向心力的作用下会沿着直线运动。这个实验中的弹珠一开始会做圆周运动是因为圆纸盘的边缘不断向弹珠施加指向圆纸盘中心的向心力。一旦弹珠离开纸盘，没有了纸盘对弹珠施加的向心力，弹珠便会沿着直线运动。同理可知，月球和弹珠一样，有一个向前的运动趋势，如果没有地球的引力，月球就会直飞出去。

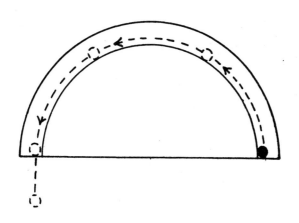

月球的盈亏

实验目的

了解为什么月球会出现盈亏现象。

你会用到

一个苹果大小的泡沫塑料球，一支铅笔，一盏台灯。

实验步骤

❶ 把铅笔插入泡沫塑料球。

❷ 把台灯放在靠近门口的位置，打开开关。

❸ 晚上你站在一个没有开灯的房间里，面对着有亮灯的门口。

❹ 把小球举在你身体前方并且使其稍微高于头顶。

❺ 慢慢地绕着小球转动你的身子，保持小球一直在你的前方。

❻ 观察小球的明暗变化。

实验结果

当你面对着门的时候，小球是暗的。当你渐渐转过身子，会发现小球被照亮的部分逐渐增加；当你背对着门的时候，看到的小球是被完全照亮的。当你继续转过身子，小球黑暗的部分又开始逐渐增加。

实验揭秘

从门口射出的光线会把小球面对着灯光的一面照亮。当你转动身子，能看到小球被照亮的部分越来越多。月球就和这个实验中的小球一样。月球是反射太阳的光，并且月球也只有一部分会被太阳照亮。当月球绕着地球转动时，我们看到的是月球被太阳照亮的不同的部分，所以月球会出现盈亏的现象。

53 月球上的陨石坑

了解月球上的陨石坑的构成。

大约 25 张报纸,2 张复写纸,2 张白纸,一粒高尔夫球。

❶ 将报纸叠在一起,对折后放在地上。

❷ 把一张白纸放在这叠报纸上。

❸ 将复写纸放在白纸的上面,有蜡的一面朝下。

❹ 站在报纸边,用高尔夫球砸在复写纸上数次。

❺ 把另一张白纸放在地上。

❻ 把复写纸放在白纸的上面。

❼ 站在纸的边缘,同样用高尔夫球砸在复写纸上数次。

❽ 仔细观察 2 张白纸上留下的痕迹。

高尔夫球砸下时，会在白纸上留下凹痕。高尔夫球砸在垫有相对柔软的报纸上的凹痕，多于砸在坚硬地板上的凹痕。

当球砸在报纸上时，复印纸被挤压而印在白色的纸上。球是圆的，所以只有小部分的表面接触到了纸。更软的表面使球的接触面积更大，也就留下更多的印记。月球上的陨石坑，是陨石撞击到月球粉状表面而形成的。"阿波罗"号宇宙船调查发现，月球表面被一层1—20米深的粉状物和碎石所覆

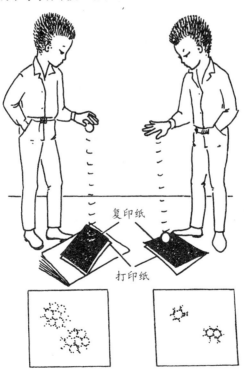

复印纸

打印纸

盖。这个柔软层被叫作月球的土壤，它与地球的土壤不同，既没有水，也没有机物。

　　天文学家已经探查出，月球上大约有 3 万个火山坑。它们的大小不等，由宇宙尘埃组成的微火山口直径反为 1/1 000 毫米，而最大的火山口直径有 16 千米，深度达 3 千米。月球上最大的火山口，人们在地球上用望远镜就能观看到。

月球的自转

了解月亮如何绕轴旋转。

你会用到

2张纸,一支记号笔,一卷胶带。

实验步骤

❶ 在一张纸上画一个圆。

❷ 在圆的中心写上"地球"二字,然后把纸放在地上。

❸ 在第2张纸的中心画上一个大大的"×",然后把这张纸贴在墙上。

❹ 站在写有"地球"的纸的旁边,面对墙上标有"×"的纸。

❺ 绕着"地球"走,并继续面对着标有"×"的纸。

❻ 转向面对"地球",并绕着"地球"走一圈。

实验结果

当面对着标有"×"的纸围绕"地球"旋转时,你身体的不同部分会先后面对"(地球)"。但是,当要面对"地球"旋转时,只有你身体的前面部分向着"地球"。

当你一直面对着"地球"并绕着它旋转时,你要轻微地转动你的身体才能继续面对着"地球"。当月球围着地球旋转,而且只有一面要面对着地球时,它不得不随着自身的轴慢慢地转,就像图中女孩的脸一直要面对"地球"一样。月球围绕自己的轴旋转一圈要 28 天,同时它也围绕着地球转了一圈。

到了月球会变轻

演示月球的重力对月球上物体重量的影响。

你会用到

　　2根橡皮筋,1根绳子,一块稍大的石头,一口汤锅或一个水桶。

实验步骤

① 把2根橡皮筋系在一起。

② 用绳子绑住石头,再将绳子与橡皮筋连在一起。

③ 把锅放在桌子上。

④ 把石头放入锅底。

⑤ 抓住橡皮筋的另一端,轻轻地把石头拎起直到石头刚好离开锅底。

⑥ 橡皮筋的长度。

⑦ 往锅里注满水。

⑧ 再把石头放进锅里。

⑨ 拿住橡皮筋的另一端,轻轻地把石头拎起直到石头刚

好离开锅底。

⑩ 再次观察橡皮筋的长度。

实验结果

当锅里有水时,拉着石头的橡皮筋伸长的长度会缩短。

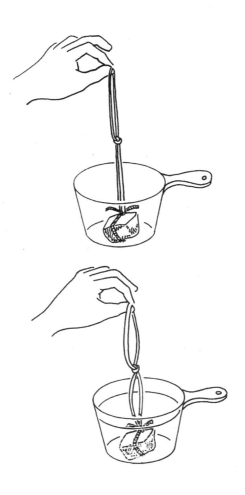

地球的重力会把石头往下拉,导致与石头相连的橡皮筋拉长了。在锅里加满水后,石头还会受到的水的浮力向上,从而削弱了地球重力的影响,橡皮筋伸长的长度会缩短。如果在月球上用橡皮筋拉着同样的石块,石块好像变轻了,橡皮筋伸长的长度会缩短更多,因为月球的重力只有地球重力的1/6。

 **月球表面为什么有明有暗**

实验目的

了解形成月球表面明暗相间的原因。

你会用到

6—8块积木，一把手电筒。

实验步骤

❶ 将6—8块积木分散地立在桌子上。

❷ 关掉室内的灯，在积木斜上方大约30厘米处打开手电筒照射积木。

实验结果

积木在桌上会出现影子。

实验揭秘

积木会挡住来自手电筒的光，所以影子会出现在桌上。月球上的高地（多山的区域）也会挡住来自太阳的光线，产生影子。在月球上,高地的影子落在叫作月海的平原上。高地看起来更亮,是因为它们会反射太阳光。月海看上去更暗是高地的阴影造成的。月球上的陨石坑内部看起来也是灰暗的。这些不同的地形使得月球表面有明有暗。

月球陨石坑与火星陨石坑有何不同

实验目的

了解月球上的陨石坑为什么不同于水星上的陨石坑。

你会用到

一只盘子,一只容量为2升的大碗,一把汤匙,一些土。

实验步骤

1 在碗中盛半碗土。

2 往土中加一些水并用汤匙不断地搅拌,直到形成可以从汤匙上缓缓流下来的泥浆。

3 把泥浆倒进盘子。

4 摇晃盘子使泥浆表面变平。

5 从离盘子60厘米高的上方,用装满泥浆的汤匙向下滴泥浆。

6 不断移动汤匙,使泥浆滴落在盘子表面不同的区域。

实验结果

泥浆滴落在盘子中的泥面上,会形成像陨石坑一样的凹陷。

汤匙上掉下来的泥浆滴落到盘子中,会使盘子里的泥浆飞溅出来。地球的重力会把飞溅的泥浆拉下来,滴落的泥浆撞击到泥面上就形成了凹陷的小坑。这个实验中滴落的泥浆模拟了陨石撞击月球表面的状况。由于大陨石的撞击会产生巨大的热量,使陨石表面熔化,并且使液态岩浆四处飞溅,就像实验中的泥浆一样。导致水星上陨石坑不同于月球上的原因,是岩浆下降的速度不同。水星上的陨石坑是一个一个独立的,而且陨石坑之间的平面很平滑,这是因为水星的引力大于月球的引力。当陨石撞击水星表面时,岩浆很快就被引力拉回到水星表面,而不会飞得太远。月球上较小的引力使得岩浆飞溅得更高更远,使很多陨石坑的边缘相互重叠,同时陨石坑之间的区域粗糙不平。

月球的温差大

实验目的

了解为什么月球白天的温度比夜晚的温度高很多。

你会用到

一张黑纸,一盏台灯,2 支温度计,一只计时器。

实验步骤

❶ 把黑纸放在台灯下面。

❷ 把 2 支温度计并排放在黑纸上,使台灯灯泡距离温度计的球状物大约 10 厘米。

❸ 过 5 分钟后记下 2 支温度计的温度。

❹ 把其中一支温度计拿开,使它远离台灯。

❺ 5 分钟后,再次记录 2 支温度计的温度。

实验结果

留在台灯下黑纸上的温度计的温度更高。

在台灯的照射下,黑纸以及周围的空气不断被加热,所以台灯下的温度计读数会更高。第2支温度计的温度读数低,是因为它被移到一个更冷的区域。月球表面白天的温度会升到

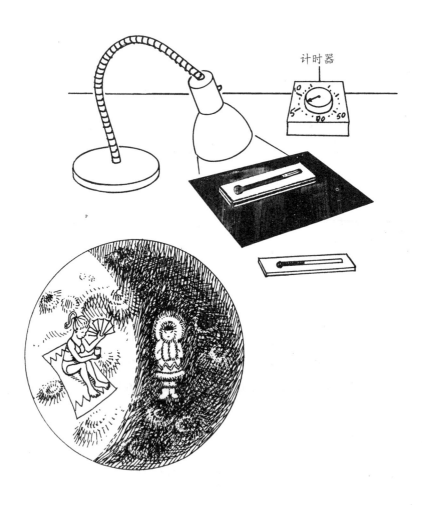

计时器

大约130℃。这是因为月球向着太阳的部分会被太阳持续照射大约2周。由于月球的引力较小,几乎没有具有隔热功能的保护性的大气层,因此阳光可以长驱直入,所以月球白天的温度会很高。月球自转一圈需要29.5天,而地球自转一圈只需要24小时。月球缓慢的自转使得它白天在没有保护层的状况下长时间被太阳火一般地烤晒,使岩石的温度高于水的沸点。而与此同时,月球暗的那一面却处于极冷的状况,月球夜间的温度低到零下173℃。

星　星

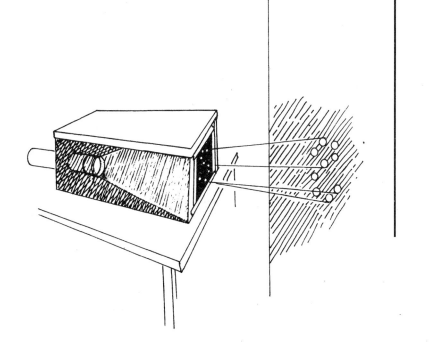

59 星星时钟

实验目的

了解夜空中星星为什么像是在做绕圈运动。

你会用到

一把黑色的雨伞，一支白色粉笔。

实验步骤

❶ 用白色粉笔在黑色雨伞的内壁上画出"北斗七星"的图形。

❷ 把伞撑开，举在头顶上。

❸ 沿着逆时针方向慢慢旋转手中的伞把。

实验结果

伞的中心保持不动，但伞上的"北斗七星"却会绕着中心移动。

实验揭秘

大熊座又叫做"北斗七星"，看上去像是在绕着北极星逆时针旋转。这些星星每隔 24 小时会在天空中转一圈,但又不像时钟的指针会在同一个时间出现在同一个位置,这些星星每晚都会提前大约 4 分钟来到同一个位置上。事实上,这些星星并没有移动,而是我们居住的地球在移动。地球每隔 24 小时会完成一次自转,使星星看上去好像在移动。地球的轴指向北极星,所以其他的星星看上去也像是在绕着北极星不停地转动。

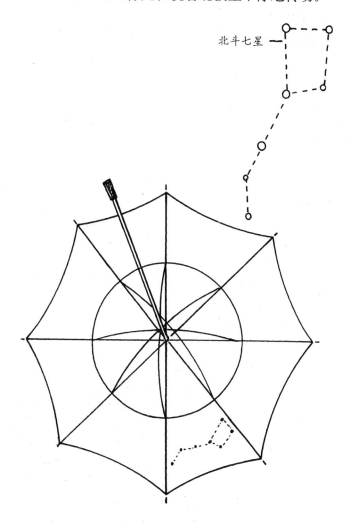

北斗七星

60 黑洞

实验目的

了解黑洞产生的原因。

你会用到

2 只小的圆气球, 2 只广口玻璃罐, 一台冰箱, 一支记号笔。

实验步骤

❶ 把 2 只吹了气的气球分别放在 2 只玻璃罐上。

❷ 固定 2 只气球, 使气球的一半在罐里, 一半露在玻璃罐外。

❸ 使气球的大小刚好塞住罐口。

❹ 把气球的口系紧。

❺ 在气球与罐子接口处, 用记号笔画上记号。

❻ 将其中一只罐子在冰箱的冷冻室中静置 30 分钟, 并将另一只罐子置于室温中的桌子上。

❼ 30 分钟后, 将冰箱中的罐子取出。

❽ 观察 2 只气球上记号所处位置的不同。

132

室温中的气球记号位置保持不变，但是冰箱中冷冻的气球会落入罐中。

气球遇冷收缩使气体被挤出，气球掉入罐中。只要气球内外的压力相同，气球的大小就不会改变。当气球内部的气压减小时它会收缩。如果内部的压力持续减少，会使气球变得越来越小。恒星中心的核聚变反应产生了一种向外的压力。只要恒星内部的引力和外力相等，恒星的大小就会像气球一样保持不变。一旦核聚变反应停止，引力和外力之间的平衡被打破，引力会将恒星的物质拉向恒星中心。人们认为收缩会一直持续直至恒星小到看不见为止，黑洞也就产生了。

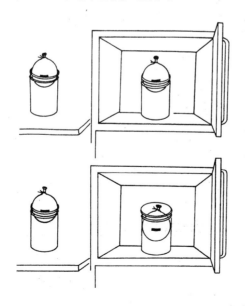

61 恒星的距离与亮度

实验目的

了解距离如何影响恒星的亮度。

你会用到

一把手电筒。

实验步骤

❶ 在一间黑暗的房间中央,打开手电筒,使手电筒的光照
射在一面墙壁上。

❷ 慢慢地走近墙壁,观察墙上手电筒光圈的变化。

实验结果

当手电筒越接近墙壁时,光圈会变小,墙壁就会变亮。

实验揭秘

手电筒的光是直线光。如果光以某个角度发出时,这束
光会继续散发直到碰上障碍物。当光源是恒星时,也是一样。

2 颗恒星散发出等量的光，但是由于距离地球的远近不同，就显现出了不同的亮度。大多数距离地球遥远的恒星的光照射到地球时会变得很微弱。因此遥远的恒星看上去更暗淡，就像手电筒离墙壁最远时散发出的光一样。

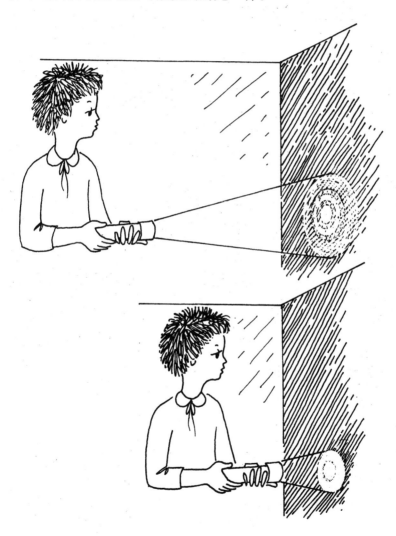

62 恒星的大小与亮度

实验目的

了解恒星的大小如何影响恒星的亮度。

你会用到

2 把手电筒,一张铝箔,一支铅笔,2 张白纸。

实验步骤

❶ 用铝箔包住一把手电筒。

❷ 在铝箔的中间戳一个小洞。用铅笔将洞挖大,洞的大
小和你的食指一样粗。

❸ 把 2 张白纸放在桌上,间隔约 10 厘米。

❹ 在一个偏暗的房间,用 2 把手电筒在白纸上方 15 厘米
处分别照射。

实验结果

没有包铝箔的手电筒在纸上会照出更大更亮的光环。

　　手电筒的光源越大,在纸上显示的光圈就越亮。恒星星的大小就像手电筒的光源大小一样会影响着恒星的亮度。恒星越大,从地球上看,它就越亮。恒星的大小不一,有些比地球更小。太阳作为一颗中等恒星,直径约为 1 392 000 千米。超大恒星的直径大约是太阳的 100 倍。恒星的光度以星等来衡量。恒星的大小、温度以及离地球的距离决定了星等的级别。巨大、温度高且靠近地球的恒星在夜空中看上去就更亮。

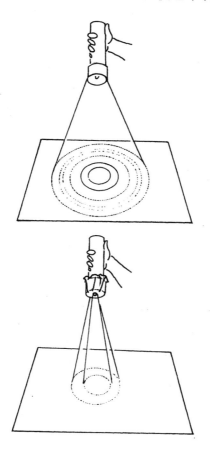

63 星星白天也发光吗

了解星星一直都在发光。

你会用到

一只打孔器，一张卡片，一个白色信封，一把手电筒。

实验步骤

❶ 用打孔器在卡片上打 7—8 个孔。

❷ 把卡片放入信封中。

❸ 在一个光线明亮的房间，把信封放在你的正前方，在信封前约 5 厘米处用手电筒照射信封，以及里面的卡片。

❹ 把手电筒移到信封后面。

❺ 在信封后约 5 厘米处打开手电筒，再照射信封以及里面的卡片

实验结果

当手电筒从信封前照射时，你看不见卡片上的小孔。但

是当光线从信封后照向你时，就很容易看见小孔。

实验揭秘

　　无论手电筒在什么位置，房间里的光线总会透过小孔。只有当小孔周围的光比穿过小孔的光更暗时，才能看清小孔。白天看不到星星也就是这个道理。白天星星也在发光，但是太阳光使得天空太亮，以至于星星发出的光被太阳光所掩盖。因此在没有月光的夜晚，在远离灯光的偏远地方，星星看起来格外的闪烁而明亮。

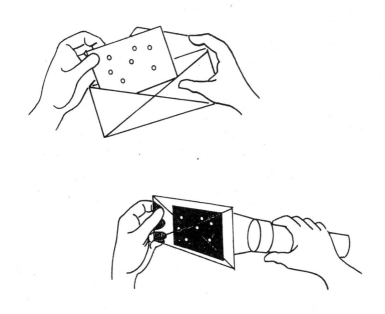

星星的路径

实验目的

了解星星为什么看起来好像在不停地旋转。

你会用到

一把尺子,一张黑纸,一支白色粉笔,一支铅笔,一卷胶带,一把剪刀。

实验步骤

❶ 从黑纸上剪下一个直径为 15 厘米的圆。

❷ 用粉笔在圆形黑纸上面任意地画 10 个白点。

❸ 把铅笔从圆纸的中心点穿过去。

❹ 用胶带在圆纸的下方把铅笔固定住。

❺ 将铅笔在两手掌之间搓动。

实验结果

光环会出现在纸上面。

　　铅笔旋转时,由于视觉残留效应,那些白点看起来就像圆一样。当天文学家拍摄星光时,同样的情况也会发生。曝光长达数小时的底片感光后产生的条纹就好像星星按着圆形路径在移动。事实上,恒星是相对静止不动的,而地球在转动。恒星看起来好像在天空中移动,其实是底片在随着地球自转而移动,所以在拍下来的底片上,恒星好像按照圆形轨迹移动。

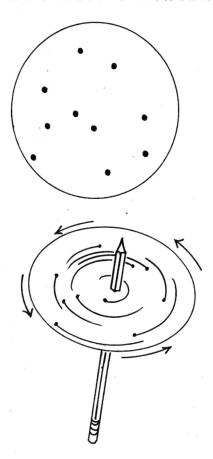

65 天象仪

用天象仪演示夜空中影像的产生。

一只鞋盒，一张黑纸，一卷透明胶带，一把手电筒，一枚大头针，一把剪刀。

❶ 在鞋盒两端的一面剪一个长方形开口。

❷ 在鞋盒的另一面剪一个圆孔，孔的大小要刚好能放进手电筒。

❸ 用黑纸把长方形的开口盖住，并用胶带将黑纸固定住。

❹ 用大头针在黑纸上戳7—8个小洞。

❺ 把鞋盒长方形开口面对着黑色的墙。

❻ 晚上，关掉房间里的灯，打开手电筒。

❼ 前后移动鞋盒，使投射到墙上的光点变得清晰。如果墙上的光点太小，可把黑纸上的小洞弄大一些。

实验结果

黑纸上的小洞映在墙上后会变大。

实验揭秘

当光束穿过小洞向外传播时,照射到墙上的光圈变大了。这个模拟天象仪模拟了夜空中的场景。在这个实验中,天象仪中明亮的光线照射在天花板上时产生的光点,就代表了夜空的样子。随着地球的旋转,可以看到不同的星座。因为地球围绕太阳旋转,在一年中的不同时候可以看到太空中不同的星星。

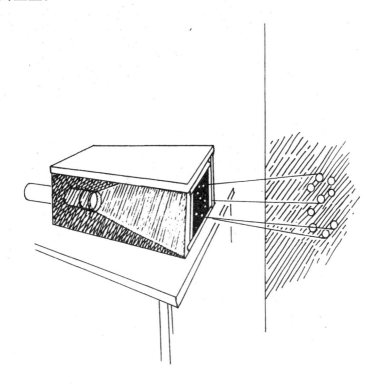

如何知道恒星的远近

实验目的

了解如何知道恒星的远近。

你会用到

一团橡皮泥，一支铅笔。

实验步骤

❶ 用橡皮泥把一支铅笔固定在一张桌子上，使带有橡皮擦头的铅笔垂直向上。

❷ 站在房间的另一边，伸直手臂，竖起你的大拇指。

❸ 闭上你的左眼。

❹ 使你的右眼、拇指尖和有铅笔的橡皮擦头在一条直线上。

❺ 不要移动你的头或拇指。闭上你的右眼，然后用你的左眼去看你的拇指尖。

❻ 当你换左眼去看时，请注意拇指似乎移了位置。

❼ 将拇指移到鼻尖，再用右眼将拇指尖和橡皮擦头对齐成一直线。

❽ 不要移动你的头或拇指。换用左眼看拇指尖。注意观察拇指移动了多远。

实验结果

从右眼转换到左眼看时,拇指好像移动了。当拇指离眼睛越近时,拇指移动的距离就越明显。

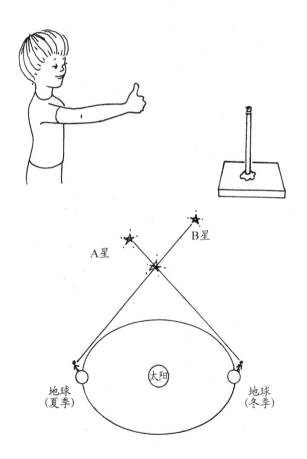

A星

B星

太阳

地球
(夏季)

地球
(冬季)

拇指看上去会移动,是因为换了不同的角度。当拇指离眼睛越近时,移动变得越明显。当一颗恒星距离地球不远,并从地球轨道上的不同位置观看它时,它的位置变化会很明显。在冬季,一个观察者在地球上将能看到 A 星,但是在夏季,却会看到 B 星。这种现象是因为从不同的角度观察恒星所致。这种现象被称作恒星视差。当比较 2 颗不同恒星的恒星视差时,那颗看上去移动幅度更大的恒星就是离地球较近的恒星。

朦胧的银河

实验目的

了解银河为什么看上去像是朦胧的云团。

你会用到

一只打孔器，一张黑纸，一张白纸，一瓶胶水，一卷胶带。

实验步骤

❶ 用打孔器在白纸上打下大约 20 个圆纸片。

❷ 把打下来的 20 个圆纸片用胶水分别粘贴在黑纸的中间部位。

❸ 用胶带把这张黑纸粘在一棵树上或户外别的物体上。

❹ 先近距离看这张黑纸，再慢慢地后退，直到看不清圆纸片时为止。

实验结果

站在离黑纸较近的地方，可以清楚地看见一个个分隔开的白色圆纸片，但是站在远处，就会把这些白色的圆纸片混合在一起看成一个白色的大圆。

从远处看，我们的眼睛不能分辨相距很近的那些白点，因此那些分开的圆纸片从远处看似混合在一起的，看起来变得模糊。同样的道理，远处星星的光线会混合在一起。用双筒望远镜或是单筒望远镜就能帮助我们看清星星。银河包含了众多的星星和其他天体，包括太阳系，在宇宙中运动，夜空中的银河看上去就像是一团乳白色的薄雾。这团朦胧的白雾是来自数以亿计的星星的光，它们太遥远，以至于看起来就变得模糊不清。我们的眼睛无法辨别单独的光源，另外，大量的宇宙尘埃也会散射来自银河系的星光，所以银河看起来就像是朦胧的云团。

亮度会变化的变星

实验目的

了解为什么变星的亮度会变化。

你会用到

一只圆气球。

实验步骤

❶ 向气球吹气,不要吹满,把气球的口一直含在你的嘴里。

❷ 用口中的空气压力使气球保持一定的大小。

❸ 再向气球吹气,把它吹大。

❹ 稍稍放走一些气球中的空气。

实验结果

气球会先变大再变小。

实验揭秘

气球的大小会随着气球内部压力的变化而变化,所以这个实验中气球会先变大后变小。变星就像实验中的气球一样,其大小会根据内在的压力而变化。这些变星与其他星星不一样,向内拉的引力不等于光热辐射向外推的力,也就是内外压力处于不均衡的状态。变星在改变大小的同时,也改变着温度,辐射出不同的光。当温度最高时,星星看上去是黄色的;而当温度下降时,它看上去是橙色的。变星的变动是有规律可循的。

光
热

引力

69 流星

实验目的

了解流星发光的原因。

你会用到

一块木头,一根钉子,一把铁锤。

实验步骤

① 用铁锤把钉子的一部分钉入木块。
② 用手指小心地摸一下经锤子打过的钉子头。

实验结果

锤子刚刚打过的钉子头是热的。

实验揭秘

两个物体碰撞会产生摩擦,摩擦会出热。铁锤和钉子之间摩擦产生热,就像流星和空气分子在地球大气层产生的摩擦一样。流星体是在太空中漂浮的大小不一的物质碎片,当它们接近地球时，地球的地心引力会把它吸入大气层。高速移动的流星体与大气的摩擦使之温度升之而发光。这个发光体被称为流星。流星通常在到达地球表面之前都会烧尽。流星在燃烧时会产生闪亮的光。每年的 1 月 3 日、8 月 12 日、10 月 21 日、12 月 14 日左右，会出现流星雨。因为这时候地球会经过彗星的轨道。在彗星的轨道中的物质会被地心引力吸引并拉向地球的大气层，从而变或流星。如果流星没有水光尽而落到了地球表面，就被称为陨石。大部分的陨石像沙粒般大小，但是也有少量很大的陨石。

 **星云**

实验目的

模拟吸收星云。

你会用到

一盏台灯，一张白纸，一支铅笔。

实验步骤

注意：在黑暗的房间做这个实验。

❶ 打开台灯。

❷ 把纸放在离台灯1米远的前方。

❸ 把铅笔放在纸和灯泡之间，笔离纸约5厘米。

❹ 观看面向你的那张纸。

实验结果

在纸上会出现铅笔的影子。

　　星云是太空中巨大的尘埃云和气体。星云分为 3 类——
会挡光的吸收星云,会发光的发光星云,会反射外来光的反射
星云。这个实验中,铅笔形成的影子模拟了吸收星云的情形,
它挡住了来自后方的光线,出现一个暗影。太空中的尘埃云
和气体聚集形成了吸收星云,并挡住了遥远星星的光。

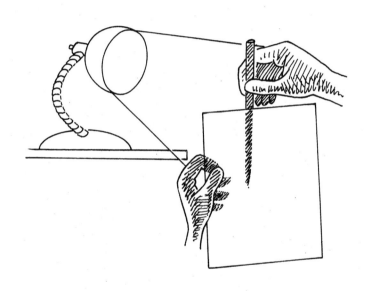

转完一圈要 2.5亿年

实验目的

了解涡旋型星系的运动。

你会用到

一张纸,一只打孔器,一只广口瓶(容量约为 1 升),一支铅笔,一些水。

实验步骤

❶ 在广口瓶中注入大约 3/4 瓶的水。

❷ 用打孔器打出大约 20 个圆纸片。

❸ 把 20 个圆纸片撒在瓶内的水面上。

❹ 用铅笔以画圆的形式快速搅动瓶内的水。

❺ 停止搅动,分别从水的上面和侧面观察瓶内水的变化。

实验结果

20 个圆纸片会在水中央形成一个旋涡。

　　瓶内旋转的小圆纸片模拟了旋涡状运动,以及在涡旋型星系中物质会集中到中心的现象。银河系的中心更厚,它们会向外彭鼓起。银河系是涡旋型星系,它需要 2.5 亿年才能转完一圈。银河系中有 2 000 亿颗星星。我们生存的太阳系只是银河系中一个微小的部分。银河系的直径有 10 万光年。光年是距离单位,而不是时间单位。1 光年意味着光以 30 万千米/秒的速度运行整整一年所走完的路程。

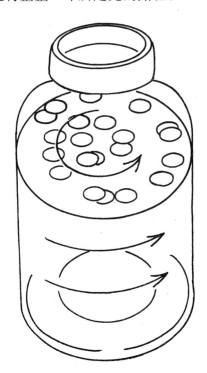

72 寻找北极星

实验目的

了解北斗七星和北极星的位置。

你会用到

一张白色广告纸,一段绳子,一根大钉子,一支记号笔,一名助手。

实验步骤

❶ 剪一段比你身高长 30 厘米的绳子。

❷ 把绳子的一端系在钉子上。

❸ 在没有月亮的晴朗夜晚,在地面上放一张白色广告纸。

❹ 站在白纸的一个角上,用拉着绳子的手指着北斗七星中的一颗星,使牵着绳子另一端的钉子能自由地摆动。

❺ 让助手在钉子下方的纸上用笔做一个记号。

❻ 分别指出北斗七星的其他星星,让助手在纸上用记号记下它们相应的位置。

❼ 从勺子形的边上 2 颗星星相连画一条直线,大约在 2 颗星的距离的 5.5 倍的地方标出北极星的位置。

将北斗七星画在纸上，同时在图上可以标出北极星的
位置。

实验揭秘

当手指的方向从一颗星移至下一颗星时，自由垂下的钉
子也移到了一个新的位置，从而能在纸上画出星星的位置。
北极星是地轴指向的位于天空北方的星星。从北斗七星的斗
口延长 5.5 倍处可以看到的一颗最明亮的星星就是北极星。

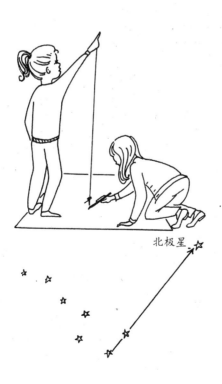

北极星

星星为何会闪烁

实验目的

了解星星为何会闪烁。

你会用到

一把手电筒,一张铝箔,一只玻璃杯(容量约为 2 升),一支铅笔。

实验步骤

❶ 剪一片杯子底部大小的铝箔,用手揉搓使铝箔起褶皱。

❷ 把铝箔放在碗的下方。在碗里装半碗水。

❸ 在黑暗的房间里,把手电筒从碗的上方 30 厘米处照碗里的水。

❹ 从平静的水面上观察铝箔。

❺ 用铅笔轻轻点击水面。

❻ 再观察水面波动时的铝箔。

实验结果

波动的水面会使从铝箔上反射过来的光变得闪烁。

实验揭秘

光是直线传播的。水面的波纹会使光线向不同的方向射出。光线在方向上的改变称为折射。另外的光源，比如星星，

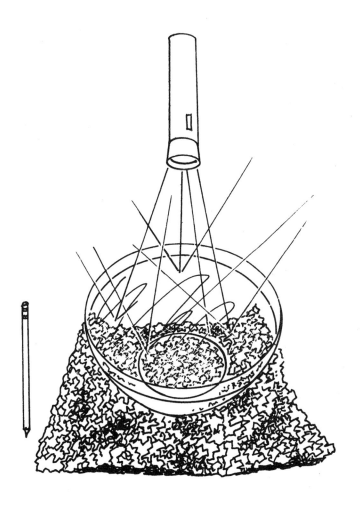

当光线运行经过其他运动的物体时,就产生了同样的结果。在地球上看到的星星会闪烁是因为星星的光线在到达我们眼前时要先穿过大气层。当光通过地球大气层的运动气流时,光线就会产生折射,星星也就变得闪烁起来。宇宙飞行员在太空中看不到闪烁的星星,是因为太空是真空的,没有物质折射星星的光线。

太空仪器

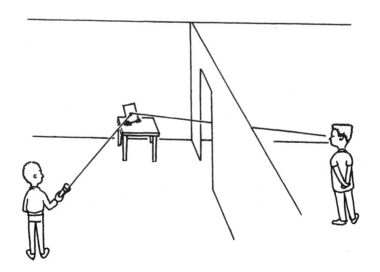

74 望远镜中的图像

实验目的

了解光穿越折射望远镜后的运行方向。

你会用到

一盏可调节高度的台灯，一把放大镜，一张黑纸，一把剪刀，一卷胶带。

实验步骤

1. 用黑纸剪一个与台灯灯罩口一样大的圆形。
2. 在圆纸的中心剪一个箭头的开口。
3. 把圆纸用胶带粘在台灯上。

   注意：纸不要碰到灯泡，因为灯泡会变热。
4. 把台灯放在离墙 2 米处。
5. 将台灯打开放在暗室中。
6. 将放大镜放在台灯前 30 厘米处。
7. 在台灯前来回移动放大镜，直到墙上出现清晰的箭号图像。

在墙上产生的箭号图像是倒着的。

光以直线传播，但是当光线穿过透镜后，改变了方向，使映在墙上的图像倒立。实验中的放大镜和折射望远镜是相似的，所以从折射望远镜中看到的星星是倒立的。

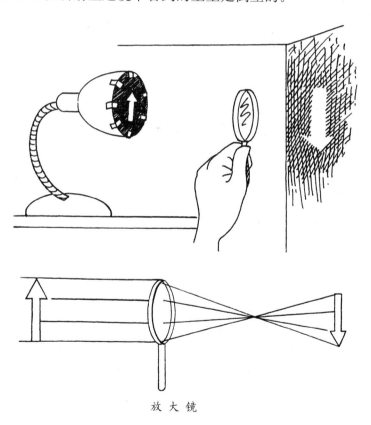

放　大　镜

天体望远镜

了解口径的大小如何影响望远镜的成像。

3张打印纸，一卷透明胶，一盏可调节高度的台灯，一把剪刀。

❶ 用打印纸制作2个大小不一的空心圆锥体。

❷ 用剪刀将2个空心圆锥体的顶端剪一个大小相同的开口。

❸ 将第3张纸放在台灯下。

❹ 轮流将2个圆锥体放在台灯下，使其末端开口离桌面的高度相同。

❺ 向右移动圆锥体，直至看不见其小孔投射到纸上的光斑。

❻ 观察每个圆锥体在纸上投射的光斑大小。

大的圆锥体在纸上投射的光斑更亮，在离台灯很远的位置还能看见光斑。

　　大的圆锥体聚集了更多的光线，投射在纸上的光也更多，所以光斑更亮。用于观测天体的望远镜口径必须很大，它的原理和这个实验中圆锥体的投射原理相同。超大型望远镜的口径大，就可以收集大量的光线，从而使镜头中观测到的远处的星星更亮，看得更清楚。

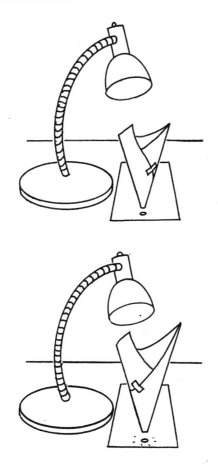

折射望远镜的成像原理

实验目的

了解折射望远镜是如何工作的。

你会用到

一张纸，2把放大镜。

实验步骤

1. 在一个漆黑的房间里，打开窗户，闭上一只眼睛，用一把放大镜观察窗外。

2. 前后慢慢移动放大镜，直至能够清楚地看到窗外的景物。

3. 保持放大镜的位置，将一张纸放在放大镜前。

4. 前后移动纸张直至纸上呈现出一个清晰的图像。

5. 将纸换成第2把放大镜。

6. 前后移动第2把放大镜，使得通过2把放大镜能清晰地观察到物体。

第 1 次移动纸时,窗外的物体会在纸上呈现出一个缩小的倒立图像。用 2 把放大镜看到的图像会比用一把放大镜看到的倒立图像更大。

实验揭秘

在这个实验中,较远的放大镜相当于物镜。它能够把从远处的物体照射过来的光线聚焦。在焦点处,物体的影像或是图像会呈现在镜头上。第 2 把放大镜相当于目镜,它会把物镜得到的像放大,使放大且倒立的像呈现在观察者的眼睛里。

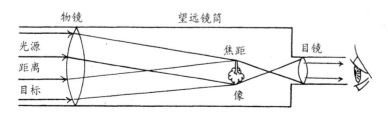

反射望远镜

实验目的

了解反射望远镜的工作原理。

你会用到

一盏台灯,一面梳妆镜,一把放大镜,一张黑纸,一把剪刀,一卷胶带。

实验步骤

❶ 用黑纸剪出一个足以覆盖台灯灯罩口的圆片。

❷ 在黑纸中心剪出一个向上的箭头。

❸ 用圆纸遮住灯罩并用胶带固定。

　 注意: 纸不要碰到灯泡。

❹ 把镜子放在距台灯大约 50 厘米远的地方。

❺ 上下转动镜子,使镜子中的台灯像最大。

❻ 再移动镜子,使得箭头清晰的图像投射到墙上。

❼ 用放大镜观看墙上箭头的图像。

你可以看到放大的倒立的箭头图像。

实验揭秘

梳妆镜是凹面镜。射入镜子的光线经过凹面镜后会聚产生倒立的像。放大镜相当于目镜，使图像放大。

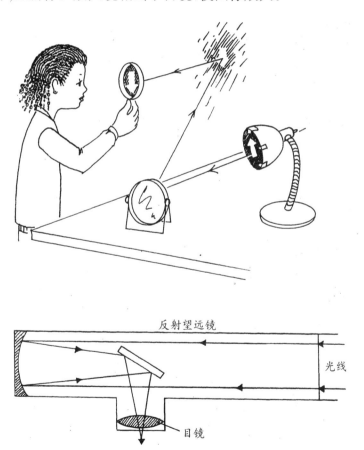

反射望远镜

光线

目镜

太空中如何测质量

实验目的

证明如何在太空中测得物体的质量。

你会用到

一把金属尺,4枚硬币,一卷遮蔽胶带。

实验步骤

1. 用胶带把尺子的一端粘在桌子边缘,使另一端的小部分露在桌子的外面。
2. 把尺子露在桌外的一端往后拉,然后放开手。
3. 观察尺子摆动的速度。
4. 使用胶带把2枚硬币缠在尺子一端的两边,每边一枚硬币。
5. 重复步骤2。
6. 把另外2枚硬币再缠在尺子上,并重复步骤2。

随着硬币的添加,尺子摆动的速度在减小。

摆动的尺子有惯性平衡作用。在太空中拉动尺子,尺子也会产生前后摆动,利用这种平衡可以制作一种太空中的测量工具。惯性是物体保持原来运动状态的属性。物体质量越大,物体的惯性也在增大。因此,移动质量大的物体会更困难,需要更大的能者。在尺上系上一定质量的物体,使尺子摆动,通过尺子摆动的次数,就可以计算出该物体的质量。

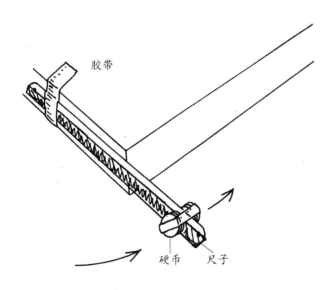

胶带　硬币　尺子

如何测量地月距离

实验目的

了解如何测量地球到月球的距离。

你会用到

一把手电筒，一卷胶带，一张纸，2面四方形镜子。

实验步骤

① 在黑暗的房间里进行这个实验。

② 把2面镜子用胶带粘起来，像书本一样可以打开。

③ 把镜子立在桌子上。

④ 把纸用胶带粘在胸前的衣服上。

⑤ 把手电筒放在桌子上，使光以一定的角度照射在一面镜子上。

⑥ 调整另一面镜子的角度，使其反光能照射到胸前的纸上。

一束光会出现在你胸前的纸上。

实验揭秘

光,会从一面镜子反射到另一面镜子上,再反射到纸上。放在月球表面的反射装置类似于实验中的这一组反射镜。测出激光从地球射到装在月球上的 0.23 米² 的反射镜再反射回地球的时间,就可以计算出从地球到月球的距离。

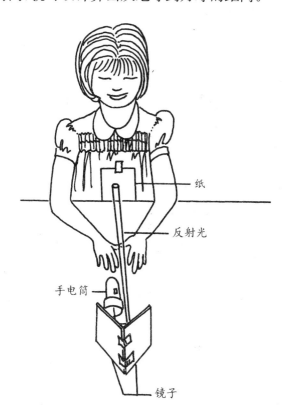

纸

反射光

手电筒

镜子

 **星盘**

了解如何用星盘来观测星星的位置。

你会用到

一根吸管，一把量角器，一卷胶带，一段绳子，一只重螺栓，一把格尺，一名助手。

实验步骤

❶ 剪一段 30 厘米长的绳子。

❷ 将绳子的一端系在量角器的中间小孔上，另一端绑上一只重螺栓。

❸ 用胶带将吸管粘在量角器的直边上。

❹ 闭上一只眼睛，透过吸管看远处物体的顶部，并让助手记录绳子在量角器上所指的角度。

实验结果

物体越高，观测角度也越大。

看远处物体的顶端，必须抬高量角器。而挂着螺栓的绳子始终与地面保持垂直，因为重力会继续把它拉回。当量角器转动时，绳子和吸管之间的角度也会随之改变。这个仪器叫作星盘，用来比较星星之间的距离，因为距离拉长，相应的观测角度也要变大。

81 如何判断恒星的构成

实验目的

了解如何判断恒星的构成元素。

你会用到

一张光盘，一张深色的纸，一把剪刀，一把尺子。

实验步骤

1. 把纸对折。
2. 在对折处的中间剪一道 10 厘米长的口子，把光盘放入剪好的长口子处。
3. 把光盘的侧面放在右眼前。
4. 使光盘露出的部分朝向不同的光源，比如太阳、白炽灯、日光灯或者霓虹灯等。

   注意：不要直接看太阳，以免伤到眼睛。
5. 观察时，让光线刚好透过光盘。
6. 闭上左眼并用右眼观察光盘。
7. 稍微倾斜光盘，直到看到光盘表面出现各种颜色。

你会在光盘上看到各种颜色：白炽灯或阳光的光线颜色的顺序是：红，橙，黄，绿，蓝，靛，紫，这也是光谱上颜色排列的顺序；日光灯和霓虹灯的光在光盘上只能看到一部分光谱的颜色。

光盘就像是光谱仪——把光划分成不同的颜色。不同来源的光并不是都有 7 种颜色的光：红，橙，黄，绿，蓝，靛，紫，而这 7 种颜色是太阳光的光谱颜色。太阳光和其他光源里的原子被加热或遇到带电粒子时，这些原子会被激发，释放出可见光。每一种类型的原子都会放射出固定颜色的光。天文学家可以根据恒星发出的光的颜色，从而确定构成恒星的元素。

82 测光仪

了解如何测量光的亮度。

一把米尺,一只鞋盒,一张铝箔,一张蜡纸,一把剪刀,一卷胶带,一把手电筒。

1. 在盒子两端分别剪一个大窗口,在盒子的一个长侧面剪 2 个大窗口。
2. 用蜡纸盖上每个窗口,用胶带固定蜡纸。
3. 折叠一张铝箔,大小正好放于盒子的中心,将盒子一分为二,用胶带固定铝箔。
4. 将鞋盒的盖子盖上。
5. 在一个没有灯光的房间,将盒子放在地上,将手电筒放在离盒子一端大约 2 米的地方。
6. 观察一侧的窗口。
7. 将手电筒分别移至 1 米和 0.5 米处,再观察盒子的窗口。

面对手电筒一侧的窗口,会随着手电筒的靠近而变得更亮。

铝箔会反射光,蜡纸则会透散光,导致靠近手电筒的窗口更明亮。手电筒越靠近盒子,窗口的亮度就越会增大。盒子就像一个测光表,测量了光线亮度。灵敏度更高的光电管可以用来测量来自恒星的光的亮度。2颗亮度相同的恒星,离地球更近的恒星比距离更远的恒星更亮。

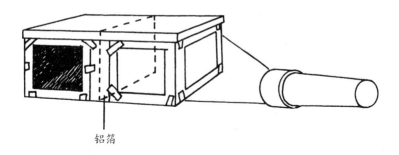

铝箔

83 世界上最大的 射电望远镜

实验目的

了解金属对能量波产生的作用。

你会用到

一台电视机,一张铝箔,一把剪刀,一把尺子,一卷遮蔽胶带。

实验步骤

❶ 使用遥控器变换电视频道。

❷ 将铝箔剪成边长为 30 厘米的正方形,对折后,用胶带将铝箔贴在电视机的遥控感应孔上。

❸ 试着使用遥控器变换频道。

实验结果

当铝箔挡住遥控器的接收感应孔时,遥控器不起任何作用。

太阳和行星不断地放射能量波。无线电波，比如可见光，红外线和其他光波，都是能量波。这些来自天体的无线电波为我们研究宇宙遥远的天体提供了好方法。在这个实验中，铝箔中

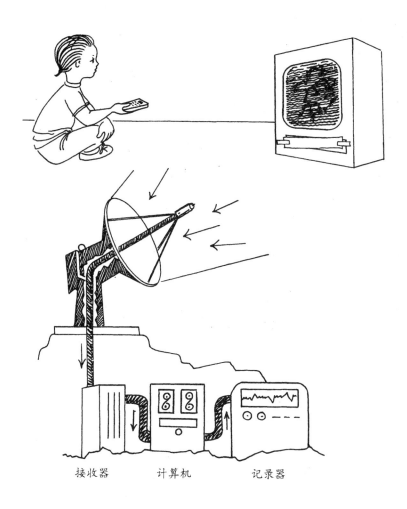

接收器 计算机 记录器

的铝是质量轻、无磁性的金属,阻挡了来自遥控器发射出来的红外线。铝还能阻挡无线电波,所以被用来制作锅盖形的射电望远镜,以反射来自遥远天体的无线电波。这些反射的无线电波被直接收集到接收器中,并送到电脑中最后把记录信息打印出来。目前最大的射电望远镜位于中国贵州的黔南州平塘县,口径达 500 米,锅口面积相当于 25 个标准足球场的总和。

84 针孔照相机

实验目的

了解光以直线传播。

你会用到

一只空罐子，一张蜡纸，一张黑纸，一把剪刀，一卷胶带，一根橡皮圈，一把铁锤，一枚钉子，一名成年人助手。

实验步骤

1. 让成年人助手用铁锤和钉子在罐底中央开一个小洞。
2. 用蜡纸盖住罐口。用橡皮圈固定蜡纸。
3. 用黑纸剪一张边长为 35 厘米的正方形。
4. 用正方形的黑纸在绕罐口边缘包住一圈，形成一个圆筒，然后用胶带固定。
5. 在蜡纸包裹的那一端，把纸筒伸出罐口 25 厘米。
6. 将罐底的小孔朝向外侧，这样就形成了一个长筒照相机。
7. 关上房间的灯，将制作的长筒照相机指向窗户。
8. 把眼睛凑在黑色纸筒上，往外看。

蜡纸上的成像是上下左右都颠倒的。

光线以一定的角度直线射入罐子的小洞中。因为光以直线传播，所以从物体的顶部反射过来的光会映在蜡纸的底部。其他部分形成的像也是这个原理，所以物体在蜡纸上显示出上下颠倒、左右相反的像。试着用卡上的小洞在纸屏幕上投影出太阳倒立的像。

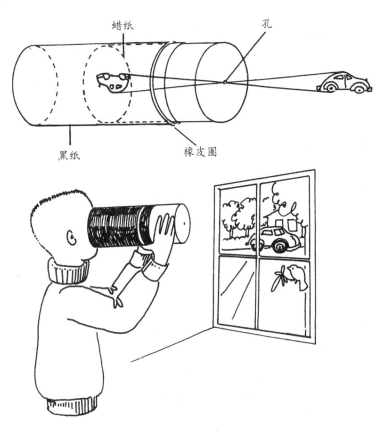

蜡纸

孔

黑纸

橡皮圈

186

通信卫星

实验目的

了解卫星的位置如何影响信号的方向。

你会用到

一只空的易拉罐，一张黑纸，一卷透明胶，一把手电筒，一面方形镜，一把米尺，一盒橡皮泥，一把剪刀。

实验步骤

注意: 要在一个漆黑的房间内做这个实验。

❶ 在易拉罐的外部包上黑纸。

❷ 用黑纸剪一个边长为 10 厘米的正方形纸片。在易拉罐的一边用胶带粘住纸片的一边。

❸ 在易拉罐的前方放一把米尺。

❹ 用橡皮泥固定镜子，使之立在米尺上。

❺ 关掉房间里的灯。

❻ 将手电筒放在易拉罐的另一侧。

❼ 打开手电筒，调整手电筒的角度，使光束反射到方形的黑纸片上。

镜子的角度变化会改变光线反射的方向。

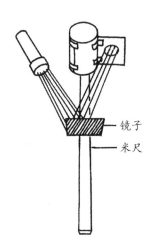

镜子
米尺

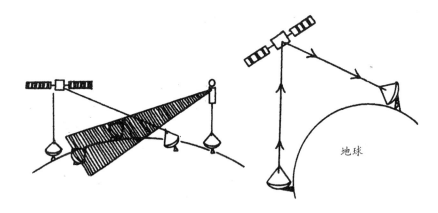

地球

从手电筒发出的光是沿着直线传播的。镜子必须远离罐子才能把光反射到黑色纸片上。光从罐子的一边经过镜子反射到另一边的现象，类似于无线电波通过人造卫星传到地球各地的情形。在赤道上空 36 000 千米的轨道上，通信卫星会把无线电波从地球的一端传输到另一端。离地球越近的卫星反而不能把无线电波从地球表面一端传送到另一端。赤道上空有 120 多颗通信卫星围绕着地球运行，因此地球表面上的任何地方都能通过卫星来交流。通信卫星可以同时转播 24 套电视节目，拨打与接听成千上万个电话，处理数以百万计的电子数据。把通信卫星放在赤道上空 36 000 千米处，是因为这个高度正好是地球的同步卫星轨道。同步卫星意味着人造卫星绕地球的周期和地球的自转同步。从地面上看，同步卫星保持不动，所以也称静止卫星。

锅盖形的无线电波接收器

实验目的

了解为什么无线电波接收器要设计成抛物面。

你会用到

一只罐子(容量约 1 升),一张铝箔,一把手电筒,一张黑纸,一张卡片,一团橡皮泥,一把剪刀。

实验步骤

❶ 将卡片上剪 4 个开口:高 2.5 厘米,宽 0.5 厘米,相隔 0.5 厘米。

❷ 用橡皮泥把卡片固定在黑纸的中央。

❸ 把边长为 30 厘米的正方形铝箔折叠成 15×2.5(厘米)的条状。

❹ 把铝箔纸条沿着罐子外层形成一个弯曲的凹面镜。

❺ 手电筒放在卡片的一侧,另一侧放铝箔凹面镜。

❻ 把橡皮泥垫在手电筒底部用来抬高手电筒。

❼ 在一个黑暗的房间中,前后移动手电筒,直到光线能穿过卡片上的开口。

⑧ 前后移动铝箔凹面镜,直到在镜子上看到清晰的图像。

从铝箔凹面镜反射出来的光线会在铝箔凹面镜前交于一点。

光线从镜子的凹面反射后聚集在中心的焦点上。无线电波跟光线一样,能从凹面反射后聚焦在一点,传送器就被放置在这个焦点上,用来传送聚集的无线电波。巨大的、锅盖形的接收器被用来接收来自遥远卫星的无线电波,就像家用的卫星收接器可以接收卫星电视的信号一样。

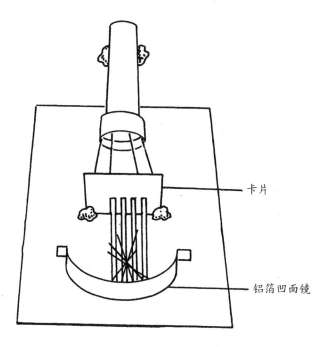

卡片

铝箔凹面镜

通信卫星如何运行

实验目的

了解通信卫星如何运行。

你会用到

一把手电筒，一面镜子，一名助手，一团橡皮泥。

实验步骤

❶ 用橡皮泥把镜子固定在敞开着门附近的一张桌子上。

❷ 让助手站在隔壁房间里，他可以看见镜子但看不见你。

❸ 让手电筒的光照在镜子上面。

❹ 你和助手需要调整好距离，让你的助手可以看见从镜子中反射的光，但是看不到你。

实验结果

从一个房间里照射的光线，在另一个房间里的人能够看见。

　　镜子光滑的表面可以反射光。无线电波也可以从光滑的表面反射到世界各地的接收器上。同样的道理,无线电波信号首先发送给轨道上的人造卫星,人造卫星再以某个角度反射回信号,发送给千里之外的接收器。

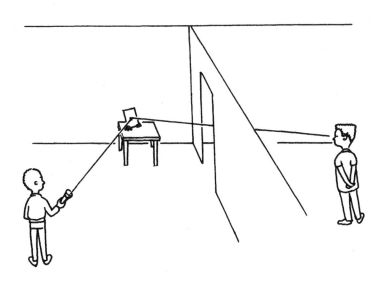

哈勃望远镜

实验目的

了解透镜的分辨率。

你会用到

一把手电筒，一张黑纸，一枚大头针，一把剪刀，一把尺子，一卷胶带，一支铅笔。

实验步骤

① 剪一张适合手电筒头部大小的圆形黑纸。

② 把剪好的圆纸用胶带固定在手电筒的头部。

③ 用大头针在贴好的圆纸的中心戳2个洞，2个洞之间的距离为铅笔芯的直径大小。

④ 把手电筒放在桌上。

⑤ 站在手电筒前，观察手电筒射出的2个光点。

⑥ 慢慢地往后退，直到看到2个光点变成一个光点。

当你后退到一定的距离时，从 2 个洞中射出的 2 个光点会变成一个光点。

分辨率是表示衡量观察物体细节的能力。望远镜透镜的分辨率表明了透镜分辨 2 个点（像）的能力，分辨率越大，看得

针孔

越清晰,而且透镜的分辨率会随着透镜直径的变大而变大。大气的状况同样也会影响到分辨率。

　　事实上,用眼睛观看手电筒光点的实验情况和用望远镜观察事物所受到的影响是一样的。由于云和大气污染会降低望远镜的分辨率,那么把望远镜放在地球大气层之外远离污染的轨道上,就避免了问题的产生。第一架轨道望远镜——哈勃望远镜是在 1990 年 4 月 24 号被发射到远离地面 600 千米的轨道上去的。没有地球大气层的干扰,哈勃望远镜的分辨率是地面上同样大小望远镜的 10—12 倍。

太空之旅

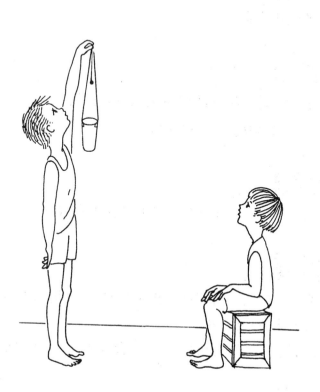

火箭发射

实验目的

了解火箭如何发射到太空。

你会用到

一只圆气球。

实验步骤

❶ 给气球充满气,用手指把气球口捏住。
❷ 松开气球让它自由运动。

实验结果

气球在放气的过程中,会在屋里到处乱窜。

实验揭秘

充了气的气球当气球口被堵住时,气球里面的空气对各个方向的压力是相等的。

随着气球里的空气泄漏,气球会来回移动,就像是气球里有个方向盘在控制它做不规则的运动。牛顿第三定律解释了气球和火箭的运动原理,即每个物体都有作用力和反作用力。从气球的例子可见,气球壁把气球里面的空气往外压而被压出来的空气反过来会产生对气球的推力,使得空气推动气球往作用力的反方向移动。航天器就如同气球,它的运动也是作用力与反作用力的结果。火箭的引擎产生的气体往下喷,气体的反作用力把火箭往反方向推,使得它上升飞向太空。

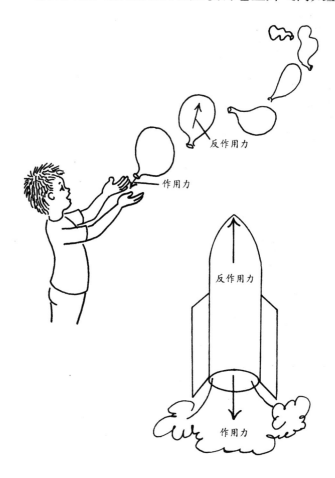

反作用力

作用力

反作用力

作用力

多级火箭的发射

90

实验目的

了解多级火箭的发射。

你会用到

一只直径约 20 厘米的圆气球，一只长 45 厘米的长气球，一只纸杯（容量为 150 毫升），一把剪刀。

实验步骤

❶ 把纸杯的底部剪下来。

❷ 给长气球充一部分气，然后把长气球的充气口从纸杯的杯口穿进，杯底穿出。

❸ 把长气球的充气口回折在纸杯边。

❹ 用圆气球对准纸杯的底部开始吹起，并把圆气球里的气体挤到纸杯内，以防止长气球漏气。

❺ 松开圆气球的充气口。

当圆气球的口被松开放气时,纸杯跟着长气球会快速地向前运动,然后纸杯会掉下来,长气球边收缩边往前飞。

这个气球组合代表了火箭的 3 级组成部分。充足的燃料确保了沉重的航天器穿越大气层飞向它的预期轨道。火箭系统每一级都有它自己的引擎和燃料。燃料一用完,这一级的火箭便会脱落以使航天器变得更轻。航天器最后只剩下火箭的有效负载部分向前飞行,快速脱离地球的大气层,成功进入运行轨道,开始它的太空之旅。

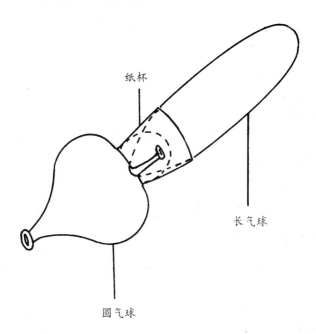

纸杯

长气球

圆气球

人造重力

实验目的

了解如何产生人造重力。

你会用到

一台电转盘,一只圆形平底锅,4 粒玻璃球,2 张美术纸,一把剪刀,一盒橡皮泥。

实验步骤

① 剪一个大小能放在圆形平底锅里的圆纸片。

② 将另一张纸盖在电转盘上。

③ 将平底锅放在转盘的中心,并且中心用 3 块橡皮泥来抬高转盘轴上的平底锅。

④ 将玻璃球放在平底锅的中间。

⑤ 打开电转盘,以最快速度持续 30 秒,然后关掉它。

实验结果

随着平底锅开始旋转,玻璃球会向前移动直到碰到平底锅的边缘。

实验揭秘

　　平底锅的转动使玻璃球开始运动。玻璃球保持着直线运动，直到碰到平底锅的边缘后停止。只要平底锅在转动，玻璃球就会一直被压在平底锅的边上。同样的道理，在太空中，一个旋转的空间站会造成空间站里未经固定的物体被挤压到空间站的内壁上。在太空中旋转的空间站必须提供人造重力，从而使宇航员可以在空间站内行走，而下坠的物体也能往下落。这里的下落指的是朝向空间站的外壁。空间站最合适的形状应当是巨轮状。

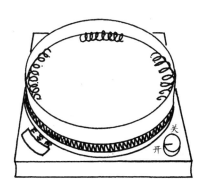

地球上如何检测
太空飞船的故障

实验目的:

了解用水晶光如何检测太空飞船的故障部位。

你会用到

一块薄荷糖,一把铁锤,一块木块,一只塑料袋。

实验步骤

注意:这个实验必须在黑暗的房间内进行。

❶ 把一颗薄荷糖放在塑料袋内。

❷ 把塑料袋放在木块上。

❸ 将铁锤放在糖的上方。

❹ 用锤子砸糖果时,注意观察糖果的情况。

实验结果

糖果被砸时,会快速发出一束蓝绿色的光。

　　由于铁锤的压力击破了糖果的晶体，使糖果发出了光。这种光是摩擦发光的一个例子。糖果和石英这样的晶体在被撞击时会发出亮光。晶体在受压后发光的这一原理，被工程师运用到太空运输工具外部覆盖物的设计上。地球上的很多仪器能够检测出水晶光——它能提示发生故障的部位。

薄荷糖

宇宙为什么是黑的

实验目的

了解宇宙空间为什么是黑的。

你会用到

一把手电筒。

实验步骤

❶ 把手电筒放在桌子边上。

❷ 关掉房间的灯，打开手电筒。

❸ 观察手电筒的光。

❹ 把手放到手电筒前 30 厘米远的地方。

实验结果

手电筒的光会在手掌上形成一个光圈，但在手掌和手电筒之间看不到任何光。

你的眼睛看到了从手上反射的手电筒的光。尽管太阳一直在发光，但是在宇宙空间里没有物体把那些光反射到我们的双眼，所以我们看不到光。光只有遇到物体时才能反射到我们的眼睛，然后我们才能看到光。

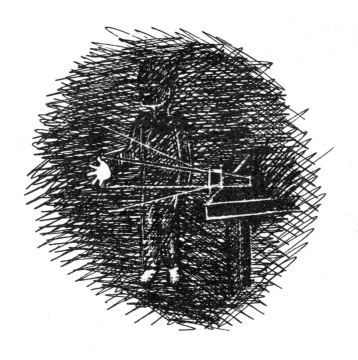

94 逃脱地心引力

实验目的

了解火箭的脱离速度。

你会用到

一块磁铁，几粒小铁珠，一只大塑料盖，一张硬卡纸，一把剪刀，一团橡皮泥，一卷透明胶带。

实验步骤

① 从硬卡纸上剪一张 30×10（厘米）的长方形纸片。

② 将剪下的长方形纸片折成 M 形。

③ 把磁铁块放在塑料盖里面的边缘上。

④ 将 M 形纸片分散摆放，这样纸槽中间就变宽了。

⑤ 用一小片透明胶带将纸槽的末端和磁铁的边缘粘起来。

⑥ 用橡皮泥轻轻地抬起纸槽的另一端。

⑦ 将一粒小铁珠放在纸槽的顶端，让它滚向磁铁。

⑧ 抬起纸槽让别的小铁珠滚落。

⑨ 继续抬高纸槽，直到滚动的小铁珠不会被磁铁吸住。

纸槽被微微抬高时,小铁珠滚下纸槽后会被磁铁吸住。但是,当纸槽被抬到足够高的位置时,小铁珠会滚过磁铁,落到塑料盖子上。

滚动的小铁珠由于运动而具有了动量。动量是物体的质量乘以它的速度。抬高纸槽加快了小铁珠的运动速度,这样就增加了它们的动量。有了更大的动量,磁铁很难吸住小铁珠。速度大到一定程度时物体就能产生足够大的动量来克服磁铁的吸力。实验中小铁珠的速度就像是火箭飞离地球大气层所需的速度。小铁珠逃脱了磁铁的磁力,如同火箭需要克服地球的引力,火箭的脱离速度大约是 40 000 千米/小时。

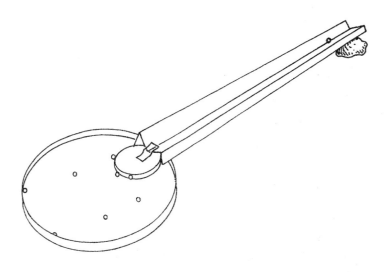

太空中球状的液滴

了解太空中力对液滴形成球状的影响。

一只玻璃杯，一些食用油，一只干净的空水瓶，一根胶皮头的滴管，一些医用酒精。

❶ 在杯中装半杯水。
❷ 倾斜杯子并缓慢地沿着杯子内壁倒入酒精，这样能防止酒精与水混合。
❸ 再用滴管在杯中滴入 4—5 滴油。
❹ 观察油滴的位置和形状。

油滴会变成圆球状，在酒精和水之间浮动。

　　油滴变成了球形是因为表面张力——液体表面的收缩力。油滴在水和酒精之间悬浮，是因为油不会溶解在酒精和水中。油比酒精重但比水轻，因此它会浮在二者之间。同理，在太空中液滴也会变成球形。因为液滴受到的不同方向的作用力是均等的，所以液滴、保持圆球形。太空提供了几乎真空的环境，因此液滴中的内聚力将液滴拉成了接近完美的球形。

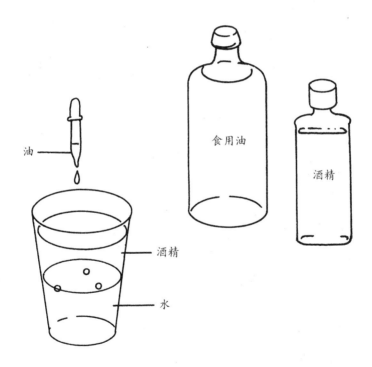

油

酒精

水

食用油

酒精

太空中就餐

实验目的

了解重力如何影响惯性。

你会用到

一碗牛奶，一把汤勺，一些麦片。

实验步骤

1 准备一碗牛奶。
2 倒入一些麦片。
3 再盛一勺麦片，但是在把这勺麦片放进你的嘴里之前停住。
4 观察勺子和里面的麦片的位置。

实验结果

当勺子停住时，麦片还留在勺子里。

实验揭秘

这个实验不是要展示任何神秘的理论。食物理所当然地会留在勺子里,这难道还会错吗？如果你在太空里吃饭,你还认为勺子在到达你的嘴巴之前就会停住的话,那你就大错特错啦！真实的结果是：一勺子的麦片会喷到你的脸上。在地球上,当勺子停止移动时,重力有足够的力量拉住麦片防止其向前移动。惯性是物体保持原有运动状态的性质。在太空里,由于没有重力,食物的惯性会使食物在勺子停止后继续向前移动而撞上你的脸。

97 失重

实验目的

了解失重现象产生的原理。

你会用到

一只塑料杯,一根绳子,一把尺子,一把剪刀,一卷胶带,一团橡皮泥,一名助手。

实验步骤

❶ 剪一段 60 厘米长的绳子。

❷ 用胶带把绳子两端固定在杯口的两侧。

❸ 在长绳中间系上一段 15 厘米长的短绳。

❹ 把一块葡萄粒大小的橡皮泥固定在短绳的末端。

❺ 让助手握住绳子的顶部,和杯子一同举到最高处,然后松手。

❻ 你坐在椅子上,观察橡皮泥和杯子下落时的位置。

实验结果

橡皮泥位于杯子的上面,杯子先落地,然后橡皮泥才掉到杯子里。

　　橡皮泥和杯子以同样的速度下落,杯子继续下落直到橡皮泥掉落到杯子里。下落的物体处于明显的失重状态,即零重力的感觉。因为物体下落中会受到气体的阻力。宇宙飞船中的宇航员在做环绕地球轨道飞行的时候,会同样经历明显的失重,因为飞船受到地球引力的吸引而不断地围绕着地球旋转。乘坐过山车时,坐在车上的人会随着车子从很陡的斜坡上冲下来,就会有类似于乘坐宇宙飞船的失重感觉。宇宙飞船在离地面 300 000 千米以上的地方不会被地球引力拉向地球,但它会被月亮或其他天体所吸引。

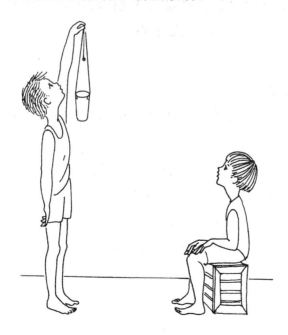

太空服的保护装置

了解太空服的材料如何调节温度。

你会用到

2 支温度计, 2 只足够放入温度计的杯子, 一张铝箔, 一副橡胶手套, 一盏台灯, 一块棉手帕。

实验步骤

❶ 用橡胶手套衬在一只杯子的内部, 杯子的外部用铝箔包裹起来。

❷ 用手帕衬在另一只杯子的内部。

❸ 把温度计分别放在 2 只杯子里。

❹ 把 2 只杯子放在离台灯 30 厘米远的地方。

❺ 5 分钟后观察 2 支温度计上的温度。

实验结果

用手帕衬着的杯子里面的温度更高。

能防止温度变化的材料称作绝缘材料。橡胶手套和棉手帕相比，橡胶手套是更好的绝缘材料。铝箔反射了照向杯子的光，所以这只杯子会保持原来的温度。宇航员的太空服必须保持恒温，一种方式是使太阳照射到身体上的热量减少。用几层绝缘材料比如橡胶和尼龙做成的太空服，外层还使用铝箔来反射太阳的光线，就为宇航员提供了温度合适的环境。

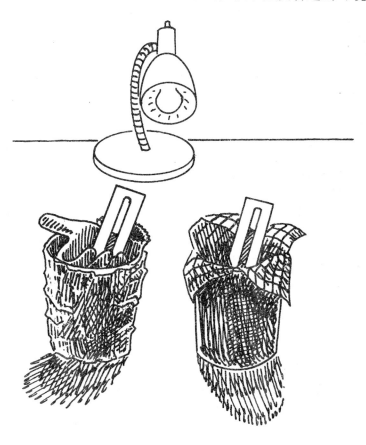

万一太空服破了

了解太空服如何影射宇航员的血液循环。

你会用到

一瓶密封的可乐,一只干净的玻璃杯。

实验步骤

1 观察在密封瓶中的可乐 1 分钟。

2 打开可乐瓶。

3 在玻璃杯中倒满可乐。

4 品尝玻璃杯中可乐的味道。

5 观察玻璃杯中的可乐 1 分钟。

6 将玻璃杯静置 5 分钟。

7 再尝一尝玻璃杯中可乐的味道。

注意:请勿在实验室中品尝任何东西,除非你能确定品尝之物没有任何有害的化学物质。

在打开的可乐瓶中,会有气泡冒到表面,但在密封瓶中则看不见任何气泡。第一次品尝可乐时,有一种酸味,但放置一段时间后,可乐尝起来就是甜的,但没有了气泡。

可乐在装瓶的过程中,二氧化碳在高压作用下被溶进了可乐中。当瓶子被打开后,压力减小,使大部分的气体上浮至液体表面,然后释放到空气中。饮用可乐时,人们品尝到的酸而刺激的味道,是液体中增加了二氧化碳的缘故。而被静置一段时间的可乐品尝起来味道不同,则表明溶于液体中的二氧化碳已释放。常态下气体并不易溶解于液体中,但压力增

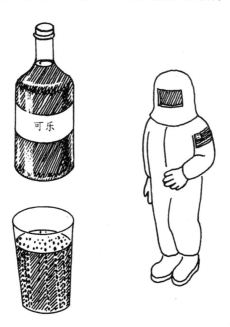

大后可以迫使气体溶入液体中。太空服中的压力一直保持在一个大气压左右，它可以使溶解在宇航员血液中的气体保持溶解状态。如果太空服被刺破了，太空服中的压力减小后，血液中的气体会像可乐中的气体那样冒出来。气体不仅会从血液中冲出来，血管中的气体也会因为冲出血管使血管破裂。宇航员呼吸的是一种氦气和氧气的混合物。使用氦气是因为它不易溶解于液体。即使太空服中的压力突然减小了，血液中的可溶气体较少，释放的气泡也较少，就能在一定程度上保证宇航员的安全。

太空服如何排汗

实验目的

了解在太空服封闭的空间内，水会发生怎样的变化。

你会用到

一只有盖的广口瓶。

实验步骤

❶ 往广口瓶中倒水，使水面盖过瓶底。

❷ 盖上盖子。

❸ 将广口瓶在阳光下放 2 小时。

实验结果

广口瓶中有水汽聚集。

实验揭秘

太阳光的热量使广口瓶的水分蒸发变成水蒸气。当水蒸气碰到冷的瓶壁时，它又冷凝成水。人通过皮肤上的毛孔排出汗水,也就是出汗。流出的汗水会在太空服内蒸发并冷凝,就像实验中广口瓶中的水一样。等到太空服变得完全潮湿时,宇航员就会感到不适。为了避免这种现象发生,太空服的某些地方放置有2条通气管,一条通气管会把潮湿的空气和多余的热量从太空服中排放出去,另一条通气管则把干燥的空气输送进来,从而为宇航员的太空活动提供了清爽、干燥而舒适的环境。

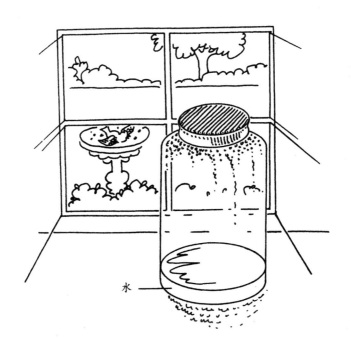

水

宇航员长高了

实验目的

了解重力对身高的影响。

你会用到

一只小的婴儿食品罐，一只广口瓶（容量为 1 升），2 只圆气球，一把剪刀。

实验步骤

❶ 剪去一只气球的颈端。

❷ 将气球的其余部分套在婴儿食品罐的开口处。

❸ 把婴儿食品罐放入广口瓶中。

❹ 将另一只气球的底部剪掉。

❺ 把这只气球的其余部分套住广口瓶，并使气球嘴部套在广口瓶的瓶口上。

❻ 将大瓶子瓶口的气球往下压，使瓶中空气从气球开口处释放出去。

❼ 将气球口拧成一束，然后向上提。

❽ 观察婴儿食品罐上的气球状况。

婴儿食品罐上的气球会往上鼓。

这个实验模拟了重力对人体脊柱中可移动的椎间盘有何影响。向上拉气球代表了一个重力减小的环境，这时婴儿食品罐上的气球表面会向上膨胀。向下压气球则代表了一个重力增大的环境，这会使覆盖婴儿食品罐上的气球表面向下凹。在太空中，宇航员通常都会长高，原因是他们受到的重力减小了。重力将人们拉向地球中心，这种拉力会使人体脊柱的椎间盘靠近。重力减小时，椎间盘则会拉长，从而使人变高。但人的皮肤、血管和其他相关组织会限制椎间盘分离的程度。当宇航员从太空返回地球，重新进入地球重力影响区时，椎间盘又会恢复原样，从而使宇航员有一些痛感。

译者感言

记得七八岁的时候,我经常和父亲在满天星星的夜晚一起仰望星空,听着父亲讲述北极星、大熊座、银河系、月亮与嫦娥的故事,至今记忆犹新。因此怀着儿时的梦幻与好奇开始了本书的翻译。刚刚拿到书,就被书中的插图以及简洁、生动和有趣的语言深深地吸引。行星为什么会旋转不停? 太阳的温度到底有多高? 月球为什么会绕着地球转? 土星多彩的光环是由什么构成的? 宇宙空间的黑洞又是如何形成的? 关于天文学的种种疑问会在本书中得到解答。

本书作者为儿童撰写了几十部脍炙人口的科普读物。感谢她用简单易操作的小实验演绎了深奥的天文知识;感谢她让孩子们用自己的双手去寻觅问题的答案;感谢她充分利用身边的材料进行小实验;感谢她把"天文的奥秘"分享给中国的孩子们。同时也感谢盖功琪教授、宋国利教授、王晓平副教授以及盖瑞智同学在我翻译过程中给予的帮助和指正。希望我的翻译能准确地传递作者的思想,使小读者们在浩瀚神秘的宇宙之旅中乐此不疲。本书在翻译过程中,得到了以下人员的大力支持和帮助,特此一并表示感谢:李名、俞海燕、吴法源、李清奇、陆霞、张春超、庄晓明、沈衡、文慧静。同时特别感谢本书的策划编辑石婧女士。

(注:本书译者为上海第二工业大学英语语言文学学科金海翻译社成员)